计算机科学与技术丛书

Arduino
电子系统设计实践

基于Arduino IDE与MATLAB
协同开发的方法

李平　王涛　王明房◎编著

清华大学出版社
北京

内 容 简 介

本书深入剖析基于 Arduino 与 MATLAB 协同开发技术在智能硬件与物联网领域的革新应用,全面且系统地介绍如何通过两款强大的工具——Arduino 开源硬件平台和 MATLAB 高级计算软件,实现创意的快速转化与复杂电子系统的构建。

本书共 14 章。第 1、2 章为入门篇,以 Arduino Nano 为核心,通过实战项目激发读者的学习兴趣,引导读者掌握基础编程与硬件接口知识。第 3～9 章为基础篇,深入讲解 Arduino 编程的各个方面,涵盖数字引脚、计时器、模拟信号测量、通信协议及存储扩展等关键技术。第 10～14 章为综合篇,聚焦 Arduino 与 MATLAB 的协同实践,从 UART 通信、串口对象配置到复杂数据处理与系统仿真,逐一揭秘两者的协同工作。特别地,本书通过快速傅里叶变换、红外通信链路及超声雷达系统等前沿项目的实战演练,不仅展示了 Arduino 在信号处理与通信领域的强大能力,也揭示了 MATLAB 在数据处理与分析中的重要性。

本书旨在为读者提供一条从理论到实践的完整学习路径,无论是电子爱好者、教育工作者,还是致力于智能制造、物联网及人工智能领域的专业人士,都能从中获益。

图书在版编目(CIP)数据

Arduino 电子系统设计实践:基于 Arduino IDE 与 MATLAB 协同开发的方法 / 李平,王涛,王明房编著. -- 北京:清华大学出版社,2025.7. --(计算机科学与技术丛书). -- ISBN 978-7-302-69357-4

Ⅰ. TN02

中国国家版本馆 CIP 数据核字第 20250PE522 号

策划编辑:盛东亮
责任编辑:吴彤云
封面设计:李召霞
责任校对:时翠兰
责任印制:宋　林

出版发行:清华大学出版社
　　　　　网　　址:https://www.tup.com.cn,https://www.wqxuetang.com
　　　　　地　　址:北京清华大学学研大厦 A 座　　　邮　　编:100084
　　　　　社 总 机:010-83470000　　　　　　　　　邮　　购:010-62786544
　　　　　投稿与读者服务:010-62776969,c-service@tup.tsinghua.edu.cn
　　　　　质量反馈:010-62772015,zhiliang@tup.tsinghua.edu.cn
　　　　　课件下载:https://www.tup.com.cn,010-83470236
印 装 者:三河市铭诚印务有限公司
经　　销:全国新华书店
开　　本:186mm×240mm　　印　　张:14.25　　　　　字　　数:261 千字
版　　次:2025 年 7 月第 1 版　　　　　　　　　　　　印　　次:2025 年 7 月第 1 次印刷
印　　数:1～1500
定　　价:59.00 元

产品编号:108511-01

前 言
PREFACE

随着全球科技竞争的加剧，基于 Arduino 和 MATLAB 的协同开发技术正逐步成为智能硬件和物联网领域的主流趋势。其中，Arduino 作为一款灵活、易用的开源硬件开发平台，其全球社区不断壮大，吸引了来自不同国家和地区的开发者、教育者和创新者，这些用户通过 Arduino 平台，能够快速将创意转化为现实。同时，MATLAB 作为一款功能强大的数学计算、仿真和分析软件，在科学研究、工程设计和教育教学中扮演着重要角色。MATLAB 与 Arduino 的协同开发，简化了数据采集、处理和可视化的过程，提高了系统设计的效率和精度，在智能制造、物联网、人工智能等领域具有广泛的应用前景。

本书全面而深入地介绍 Arduino 电子系统设计及其与 MATLAB 协同开发技术，通过丰富的实战案例和详细的步骤说明，帮助读者从零开始掌握 Arduino 编程、硬件接口应用以及如何通过 MATLAB 进行高级数据处理与系统仿真，进而实现复杂电子系统的设计与开发。

第 1、2 章为入门篇。首先引导读者认识 Arduino 平台，通过揭秘 Nano 核心板，让读者初步了解其内部结构，并通过一系列入门级的实战项目，让读者亲身体验 Arduino 编程的乐趣，熟悉 Arduino IDE 的编程特点。

第 3~9 章为基础篇，深入讲解 Arduino 程序设计的各个方面，包括 Arduino 程序设计基础、数字引脚资源应用设计、计时资源应用设计、模拟信号测量应用设计、I2C 和 SPI 通信资源应用设计、自带与外扩存储资源的设计以及外扩模拟信号输出的设计等。每章都通过多个实战项目，帮助读者掌握相关技术和方法，并提供了丰富的拓展练习巩固所学知识。

第 10~14 章为综合篇。第 10 章专注于 Arduino 与 PC 协同设计，详细介绍了 UART 通信功能及其在 Arduino 与 MATLAB 之间的数据传输应用；第 11 章专注于 MATLAB 与 Arduino 协同设计，详细介绍了如何在 MATLAB 中创建串口对象并配置其属性,以及如何通过 MATLAB 向 Arduino 发送字符命令和二进制数据,并接收来自 Arduino 的字符编码数据和二进制数据帧;第 12 章通过 Arduino 实现快速傅里叶变换的实战案例,展示了 Arduino 在信号处理领域的潜力;第 13 章聚焦于简约型红外通信链路设计,通过理论讲解与实战操作相结合的方式,介绍了红外通信的基本原理、设计思路和实现方法;第 14 章是本书的重点部分,详细介绍了 Arduino 与 MATLAB 协同的超声雷达设计,首先明确了问题和目标,然后提出了系统的整体设计方案,并详细阐述了硬件和软件的设计实现过程,便于读者深入理解 Arduino 与 MATLAB 协同工作的优势和技巧。

相较于已有书籍和文献资料,本书具备以下显著特色。

(1) **Arduino 与 MATLAB 协同设计的突出理念**。本书特别强调 Arduino 与 MATLAB 的联合使用,旨在融合 Arduino 在硬件交互方面的卓越优势与 MATLAB 在数据处理上的强大功能,实现二者的优势互补。目前,市场上鲜有书籍或资料系统地探讨这一协同设计理念及其实践案例。本书则通过丰富的案例,详细阐释了 Arduino 与 MATLAB 协同进行电子系统设计的具体方法,填补了这一空白。

(2) **实践导向的问题解决思路**。本书强调从工程问题的实践角度出发,不仅深入剖析解决问题的原理与思路,还手把手地传授了软硬件协同解决问题的具体方案。在每个案例之后,本书均总结了设计调试的经验教训,旨在启发读者举一反三,将所学知识应用于未来实际问题的解决之中。

(3) **新颖实用的技术方案与案例**。本书收录了一系列技术方案新颖、实用性强的案例和解决方案。其中不乏编者已申请专利保护的技术创新,这些案例不仅反映了电子系统设计的最新趋势,而且具有很强的实用性和可操作性,读者稍作改进即可应用于自己的实验验证或电子系统设计中。

(4) **低成本实验材料与代码公开**。为便于读者复现自学,本书涉及的实验采用了成本低廉、易于采购的实验材料,如面包板、硬材质导线等。同时,书中公开了全部案例的源代码,使读者能够迅速搭建实验环境,高效掌握电子系统设计的精髓。

本书的撰写分工如下。王涛负责全书的组织编写,包括构思策划、人员分工、实验设计、提供实验设备平台等工作。李平负责本书第 4、5、6、13 章内容的编写,包括应用背景、具体应用案例和实验分析与讨论等,还负责本书的审校工作,确保本书的准确性和规范性;王明房负责了本书第 1、2、3、11、12、14 章内容的编写工作,包括应用背景、具体应用案例和实验分析与讨论等;二人共同负责第 7~10 章内容的编写。另外,石超宇参与第 1、7、10、11、13 章的编写,杨丹丹参与第 1、13 章的编写,罗程参与第 1、3 章的编写。在此,特向参与编纂的各位同仁致以诚挚的谢意,他们的卓越贡献与不懈追求,是本书成功问世的重要基石。

　　鉴于编者水平有限,书中难免存在不足之处,恳请广大读者提出宝贵的意见和建议,帮助本书不断改进和完善。

编　者

2025 年 5 月

目 录
CONTENTS

入 门 篇

基 础 篇

综 合 篇

入门篇

第 1 章

引　言

1.1　认识 Arduino

　　Arduino 是源自意大利的开源电子设计工具,提供了一整套硬件和软件全包的电子系统设计平台。在硬件设计方面,Arduino 提供了面向多样化应用需求、多型号的开源硬件核心控制板;在软件编程方面,Arduino 提供了免费、适用于全体核心板的集成开发环境(Integrated Development Environment,IDE)。

1.1.1　Arduino 的"前世今生"

　　Arduino 的创始人是意大利的大学教师 Massimo Banzi。在教学实践中,他经常收到学生的建议,希望提供一款高性价比的控制核心板以及配套的编程软件,能高效地实现富有创意的电子设计作品。2005 年,Banzi 和西班牙籍芯片工程师 David Cuartielles 深入探讨了这个问题并构思了解决方案。随后,他们邀请学生 David Mellis 按照设计方案完成了核心板和配套软件的设计,并将整套工具命名为 Arduino。

　　使用 Arduino 编程非常高效简便,即使刚入门的学生,都可以快速设计"酷炫"的作品,如机器人控制、发光二极管(Light Emitting Diode,LED)艺术设计等。因此,Arduino 一经面世就迅速得到了大量用户的热爱。

　　为迅速推广 Arduino,创始团队允许用户下载和免费使用编程软件,并采用了大智若愚的开源硬件的方式,将 Arduino 核心板的设计图公开发布到网络上,允许任何人复制、改进,甚至销售 Arduino 核心板。值得注意的是,Arduino 的创始团队坚持要求:①如果在基于 Arduino 的初始设计上进行改进,得到了新型的 Arduino,那么新型的 Arduino 必须保持开源;②拥有 Arduino 这个商标,如果新型的 Arduino 也想使用 Arduino 来命名,那么需要支付费用。

归功于大智若愚的硬件开源的推广方式和其本身简洁、高效、易上手的特点，Arduino 的开发群体迅速壮大，已经风靡全球电子系统设计领域。很多设计爱好者自发组织了 Arduino 论坛和组织，推动了 Arduino 的技术发展和优化。除了 Arduino 核心控制板，广大设计爱好者还设计出了具有各种扩展功能的 Arduino 增强版，如可以实现蓝牙、ZigBee 或 Wi-Fi 扩展功能的 Arduino 增强版。在当今万物互联迅速发展的物联网时代，以及提倡个性化定制功能的创客风潮下，Arduino 必将迎来更美好的未来。

1.1.2　Arduino 核心板系列

Arduino 提供了多种型号的硬件核心控制板（以下简称核心板）。图 1.1 和图 1.2 所示分别为多种型号、外形各异的核心板，包括 Nano、Uno、Mega 2560 和 Due 等。

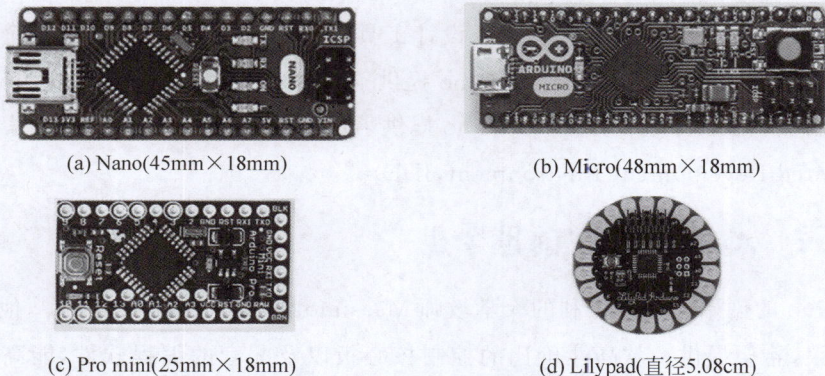

(a) Nano(45mm×18mm)

(b) Micro(48mm×18mm)

(c) Pro mini(25mm×18mm)

(d) Lilypad(直径5.08cm)

图 1.1　小型 Arduino 核心板

在设计和开发电子系统时，根据实际需求选择合适型号的 Arduino 核心板，需要考虑的因素至少包括以下几方面。

（1）尺寸因素：需要根据产品尺寸要求，选择大小合适的核心板。

（2）供电设计：需要根据电子系统产品的供电需求，如是否要求电池供电，或是否可相连的个人计算机（Personal Computer，PC）的通用串行总线（Universal Serial Bus，USB）电缆供电，或是否可用外接稳压电源供电，选择合适的核心板。

（3）引脚资源：需要根据实际需求，分析设计要求使用的引脚数量、引脚类型（处理模拟或数字信号）、引脚驱动能力（输入或输出电流）等技术指标，再选用合适的核心板。

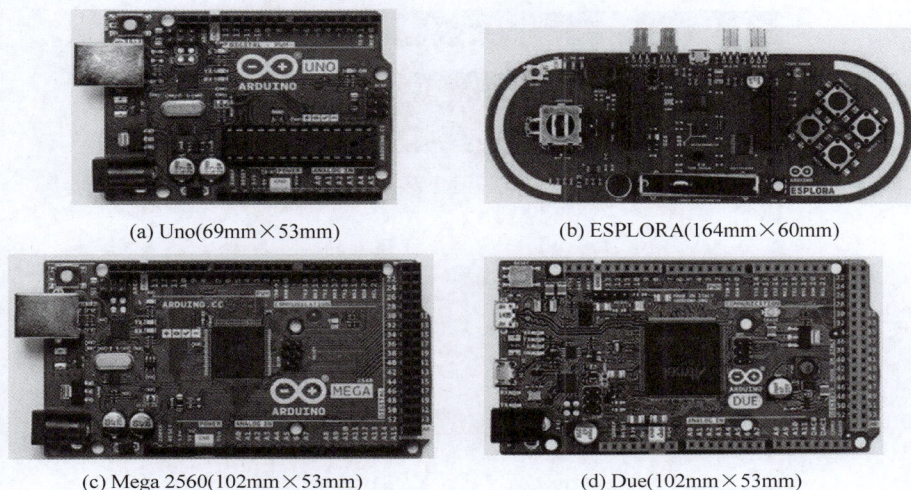

(a) Uno(69mm×53mm)   (b) ESPLORA(164mm×60mm)

(c) Mega 2560(102mm×53mm)   (d) Due(102mm×53mm)

图 1.2 较大 Arduino 核心板

（4）通信接口资源：需要根据实际开发对通信的需求，包括 Arduino 开发板与其他外围电路或 PC 的通信需求等，选择合适的开发板。

本书主要选用 Nano 作为实战案例的核心板，1.2 节将详细剖析 Nano 的电路设计细节。本书选择 Nano 的原因如下。首先，Nano 选用了 ATmega329P 处理器，这与其他广泛使用的较大核心板（如 Uno）保持一致，因此 Nano 不但拥有与其他较大核心板相当的功能，而且具有小巧的外形；其次，相比于其他更小的核心板（如 Pro mini 或 Micro），Nano 虽然价格稍高，但是不需要外部下载电路，用 USB 电缆可直接从 Arduino IDE 下载程序。总之，Nano 具有性价比高、体积小的特点，特别适合制作支持软件重配升级的电子产品。

1.1.3 Arduino IDE

Arduino IDE 是 Arduino 产品的软件编辑环境，图 1.3 所示为 Arduino IDE 的编程界面。通俗而言，Arduino IDE 就是为 Arduino 核心板编写和下载程序代码的工具。任何 Arduino 产品都需要下载代码后才能运作。电子系统中的硬件电路是依靠程序代码控制实现预定功能的，两者紧密协同才能实现完整的电子系统。类似于人类通过大脑控制肢体活动，程序代码相当于大脑，硬件相当于肢体，肢体活动相当于系统功能。

Arduino IDE 是以 AVR-GCC 和其他一些开源软件为基础，用 Java 语言编写的。Arduino IDE 是完全免费的，可以在 Arduino 官网上免费下载，提供了可以为全体核心板

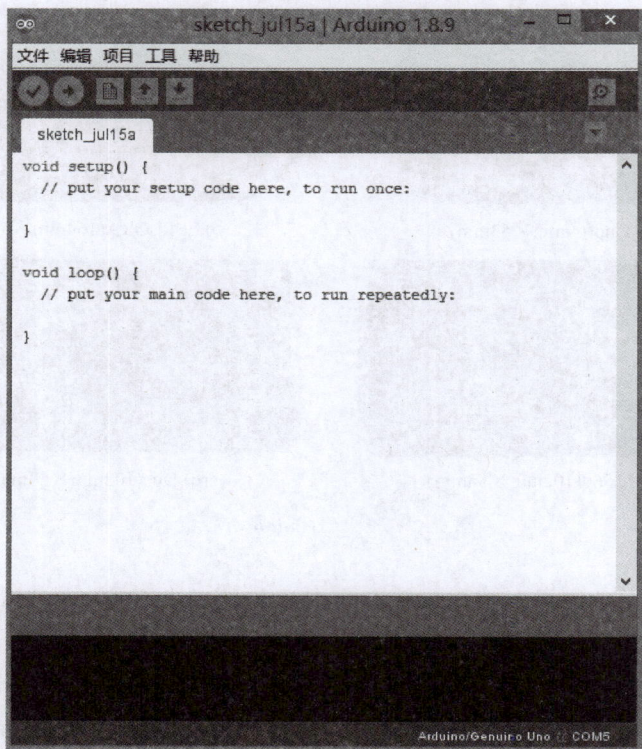

图 1.3　Arduino IDE 的编程界面

编写、编译、下载程序代码的整套软件开发平台。另外，Arduino IDE 是绿色免安装的，从官网下载压缩包后直接解压即可使用。本书后续的实战案例大部分是在 1.8.9 版本的 Arduino IDE 上完成的。

1.1.4　Bootloader 工作原理

分析各款 Arduino 核心板的电路图，可以发现它们在硬件结构上和传统的 Atmel 单片机系统是一致的。另外，Atmel 单片机系统的程序设计也有相应的软件开发环境支持，如 Atmel Studio 等。

实际上，Arduino 核心板是一类特殊的 Atmel 单片机系统。它的核心特点是在板载处理器 Flash 头部烧写了一种引导程序，称为 Bootloader，它能自动从串口接收在 Arduino IDE 编写和下载的程序代码，并将这些代码烧写到 Flash 内部。

以 ATmega328P 内部存储空间映射为例，展示 Bootloader 在处理器内部的存储位置,如图 1.4 所示。可见 Bootloader 放置在 Flash 的开头,每当处理器重启上电时,Bootloader 都会自动运行,然后根据特定的协议(STK 500),检测是否有从 Arduino IDE 发来的程序代码。如果有,则自动将代码写入 Flash 的应用程序区。Bootloader 运行过后,开始执行 Flash 应用程序。打个比方,Bootloader 类似于 PC 中的操作系统,而 Arduino IDE 编写的程序代码类似于 PC 中安装的应用程序。

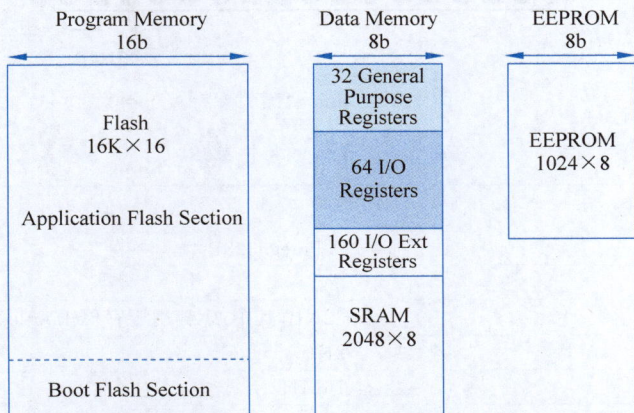

图 1.4　ATmega328P 内部存储空间映射

特别有趣的是,Arduino IDE 也支持在系统编程(In System Programming,ISP)的烧写功能,可以将 Bootloader 烧入 Atmel 芯片,从而制作成为 Arduino 核心板,详情可参考 2.4 节。

1.2　实战 1-1:揭秘 Nano 核心板

1.2.1　问题和目标

(1)问题:Nano 的硬件设计结构究竟是怎样的?

(2)目标:掌握一款典型的 Arduino 核心板的设计细节和技巧,从而能举一反三,快速掌握其他多款核心板的设计方法。

1.2.2　解决方案

图 1.5 所示为 Nano 两侧的焊针;表 1.1 列出了 Nano 的特性参数。下面把 Nano 的开源电路图进行模块划分,详细介绍各模块的设计细节。

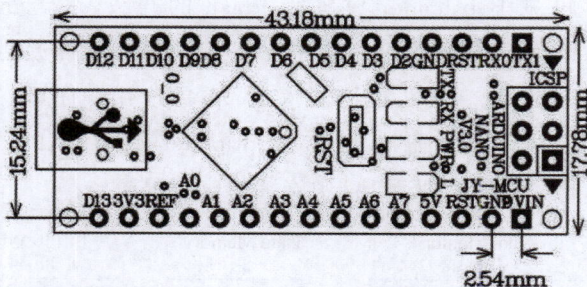

图 1.5　Nano 两侧的焊针

表 1.1　Nano 的特性参数

参　　数	数　　值
处理器	ATmega328P
工作电压	5V
Flash 容量	32KB,其中 2KB 用于存储 Bootloader
SRAM 容量	2KB
时钟频率	16MHz
模拟采集引脚数	8
EEPROM 容量	1KB
数字 I/O 引脚数	22 个,其中 6 个支持脉冲宽度调制
模拟采集引脚数	8
每 I/O 引脚直流强度	40mA
VIN 引脚供电电压范围	7～12V
功耗电流	19mA
尺寸	18mm×45mm

1. 处理器子模块

在处理器方面,Nano 选用了 AVR 架构的 ATmega328P 芯片,图 1.6 所示为 V3.3 版本 Nano 的 ATmega328P 芯片及其外围元件的电路图[①]。这些元件包括 RESET 复位按钮、连接在 D13 引脚的 LED、16MHz 晶振、供电引脚的旁路电容、AREF 引脚的旁路电容等。

2. 供电子模块

在供电设计方面,可以采用以下 3 种方案之一为 Nano 供电。

(1) 从 5V 引脚供电。如图 1.6 所示,由于 5V 引脚与 ATmega328P 的 VCC 引脚直接相连,外接电源将直接送入 ATmega328P 的 VCC 引脚。

---

① 本书电路图均由软件直接生成,不作修改。

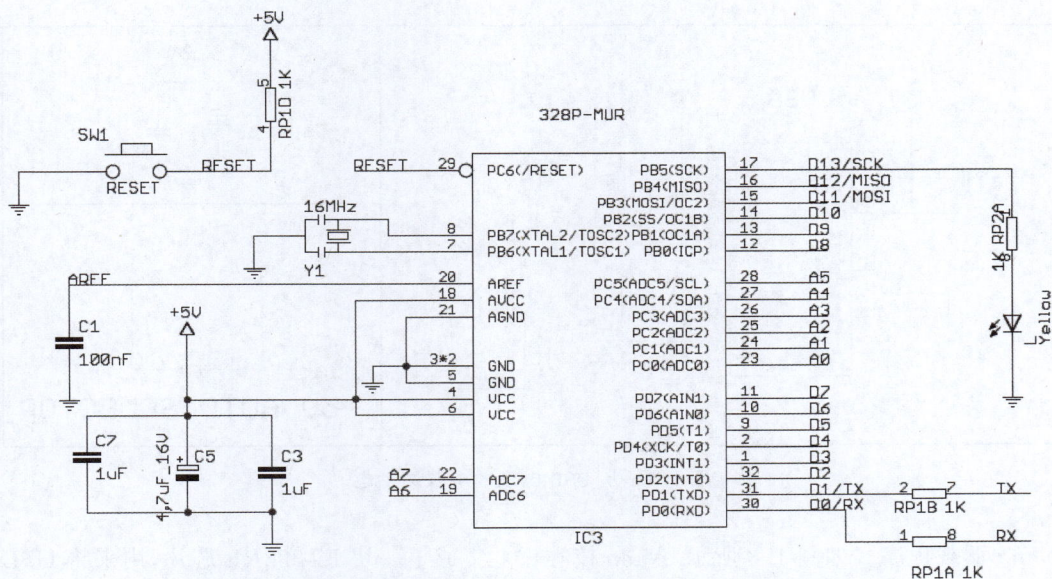

图 1.6 V3.3 版本 Nano 的 ATmega328P 芯片与外围元件的电路图

（2）从 VIN 引脚供电。如图 1.7 所示，VIN 引脚将外接电源送入稳压芯片 LM1117IMPX-5.0 的输入端，稳压芯片的输出端连接到＋5V 引脚，从而为 ATmega328P 的 VCC 引脚供电。

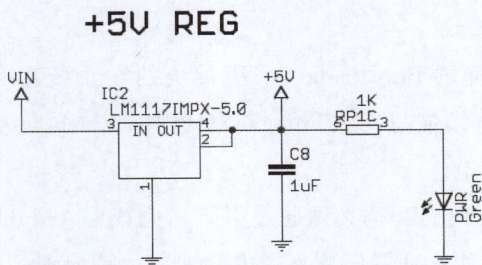

图 1.7 从 VIN 引脚供电

（3）用 USB 电缆从 PC 供电。如图 1.8 所示，USB 电缆的电源输入端在 Nano 的电路设计中被命名为 VBUS，其通过一根熔丝连接到 VUSB 引脚。VUSB 引脚连接了旁路滤波器，并且通过二极管元件连接到＋5V 引脚，从而能够自动选择＋5V 引脚和 VUSB 引脚中的电平较高者为 ATmega328P 供电。

3. 通信子模块

在通信方面，可以使用 Mini-USB 电缆实现 PC 与 Nano 的通信，并且可以从 PC 到

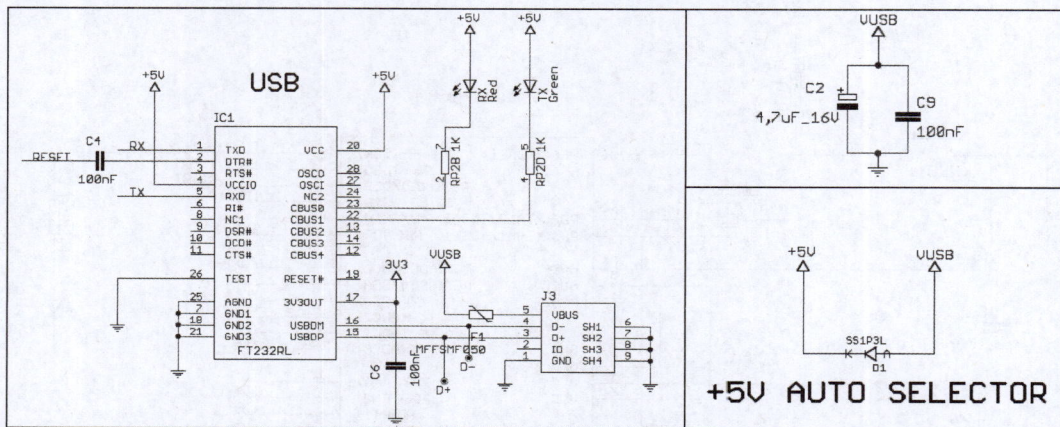

图 1.8　从 USB 电缆的电源端供电

Nano 下载程序。如图 1.8 所示，Nano 核心板上集成了一块 FT232RL 芯片，用来将 USB 接口转换为连接到 ATmega328P 的串行通信引脚 TX 和 RX，从而能够使 PC 与 Nano 按串口协议相互通信。

在向 Nano 下载程序时，可以使用 Arduino IDE，在 ATmega328P 内部 Flash 中已经提前烧写好的 Bootloader 的辅助下，根据 STK500 协议使用串口通信把 Arduino IDE 编译后的二进制程序代码下载到 ATmega328P 内部的 Flash 程序空间。

4. ISP 程序烧写子模块

烧写子模块也可以绕过 Bootloader，采用传统的在系统编程（ISP）烧写的方式，把 Bootloader 或其他程序直接烧写到 ATmega328P 内部 Flash。

5. 引脚资源

Arduino 与外界的任何交互都必须通过引脚来完成。Arduino 需要通过引脚从外部接收数据信息（可以是各种传感器信息），在内部加以运算处理。另外，Arduino 需要将处理好的数据信息通过引脚向外发送。后续章节将详细讲述应用 Nano 引脚资源进行电子设计的实战案例。

1.3　基于 Arduino 的电子系统设计

Arduino 由于丰富的硬件资源、简便的编程风格、开源共享资源广泛等优势，适合快速开发与硬件交互的电子产品。一方面，Arduino 适合开发嵌入式独立运作，要求交互式读取或控制大量的传感器或开关元件,或者控制 LED、电机等其他设备的电子产品。另一方面,Arduino 也适合开发与 PC 协同的电子系统,由 PC 担任上位机,Arduino 担任下位机,两者协同起来共同完成对外围电路模块的读取或控制操作。

1.3.1 系统设计流程

一般来说,Arduino 系统的设计开发流程如图 1.9 所示。首先,需要分析需求,从而制定设计方案,选择合适的 Arduino 核心板以及外围设备,将这些硬件设备集成整合成硬件系统后,编程设计软件部分。然后,进行性能测试,如果性能不能满足需求,则需要改进方案设计、样机制作或软件编程环节,直到性能满足需求。

在选择 Arduino 核心板时,可以从以下几个层面考虑。首先,考虑选择的核心板硬件资源是否能够满足应用需求。如果自带资源不能满足需求,则需要考虑添置外部模块,并且使用 Nano 的自带资源与外部模块协同,从外部模块读取数据或驱动外部模块完成设定操作。

本书后续章节将利用实战案例详细介绍采用 Arduino 的电子系统设计技巧。

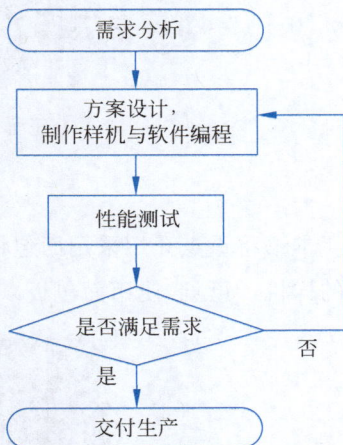

图 1.9 Arduino 系统的设计开发流程

1.3.2 采用面包板的样机制作方法

在设计基于 Arduino 的电子系统时,除了选择合适的 Arduino 核心板,还需要配置外围的电路模块,并将核心板和所有外围模块整合集成在一起,才能完成电子系统的样机设计。有多种方法可将多种硬件模块集成在一起制作电子系统样机,如基于印制电路板(Printed Circuit Board,PCB)的方法、在洞洞板上焊接的方法,以及采用面包板的免焊接制作方法。

图 1.10 所示为一款 400 孔面包板。面包板上有很多小插孔,专为电子电路的无焊接实验设计制造。由于各种电子元件可根据需要随意插入或拔出,免去了焊接,节省了电路的组装时间,而且元件可以重复使用,所以非常适合电子电路的组装、调试和训练。注意,面包板背面有金属片连接的孔位之间是短路的,而且两侧部分和中间部分的内部连线不同。两侧部分常用于连接供电线路,而中间部分常用于连接信号线路。

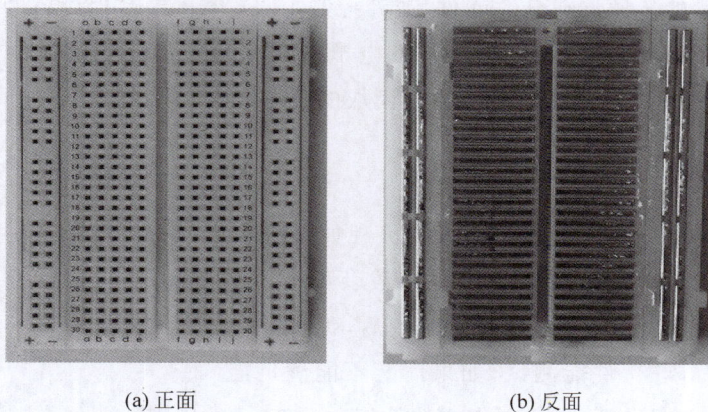

(a) 正面　　　　　　　　　　　　　(b) 反面

图 1.10　400 孔面包板

本书将重点介绍采用面包板的免焊接制作方法。图 1.11 所示为一款采用面包板制作的样机。可见,使用面包板以及一些硬材质的导线,可以快速地搭建电子系统样机。

图 1.11　采用面包板制作的样机

综上所述,采用面包板集成 Arduino 核心板以及其他外围电路模块,避免了焊接等较费时的工艺流程,特别适合制作性价比高、开发周期短的原理级验证样机。

1.4　Arduino 和 MATLAB 的协同系统设计

1.4.1　协同系统特色优势

MATLAB 是美国 MathWorks 公司出品的商业数学软件,提供了支持大数据数值计算、图形用户界面(Graphical User Interface,GUI)、交互式程序设计的高科技计算环境。它将诸多强大功能集成在一个易于使用的视窗环境中,为科学研究、工程设计等众多科学领域提供了基于模块化工具箱(Toolbox)的解决方案,在很大程度上摆脱了传统非交互式程序设计语言(如 C、FORTRAN)的编程模式,代表了当今国际科学计算软件的先进水平。

　　将 Arduino 和 MATLAB 协同起来设计电子系统,能够综合运用 Arduino 强大的硬件交互能力,以及 MATLAB 强大的科学运算和数据可视化功能,联合实现功能强大的电子系统,特别适合制作应用于各行业的科学实验系统样机。

1.4.2　协同系统设计方案

　　如图 1.12 所示,系统使用 MATLAB 作为上位机,以 Arduino 核心板作为下位机与众多的外围设备实时交互。

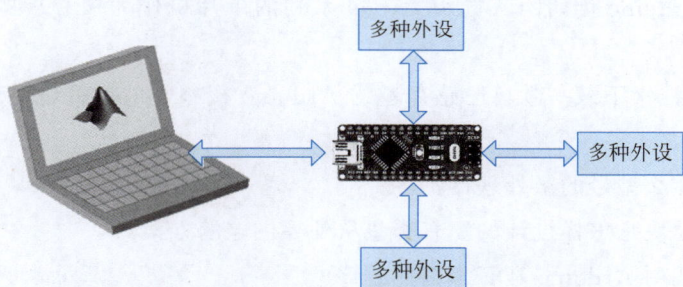

图 1.12　MATLAB 与 Arduino 协同系统的组成

　　在 MATLAB 上位机设计方面,需要设计 MATLAB 软件,其调用自带的丰富的通信工具箱功能,与 Arduino 核心板交互通信,从而能够读取 Arduino 发来的外设采集数据并且进行可视化展示,也能向 Arduino 发送控制指令,从而控制外设执行对应的操作。

　　在 Arduino 下位机设计方面,需要设计 Arduino 核心板和多种外围设备集成整合的硬件样机,并且编程设计能够实时与外围设备、MATLAB 交互的软件。本书将利用实战案例详细介绍 Arduino 和 MATLAB 协同的电子系统设计技巧。

本章小结

　　本章首先简单介绍了 Arduino,包括多型号的开源硬件开发板,以及适用于全体硬件开发板的免费软件开发平台;然后揭秘了 Nano 核心板的电路设计细节;最后介绍了基于 Arduino 的电子系统设计,以及 Arduino 和 MATLAB 的协同系统设计方案。本书的后续章节将通过实战案例介绍这些系统的设计技巧。

　　Arduino 官网（https://www.arduino.cc/en/Main/Products）条理清晰地整理了每个型号的 Arduino 开发板的详细信息。每款开发板的电路图、印制电路板的布线图、技术参数细节等，都能够在上述官网上找到。有兴趣钻研的读者，可到官网上查找资料，完成后面的拓展练习，深入研究、改进，甚至制作一款自己心仪的 Arduino 核心板。

拓展练习

　　（1）除了 Arduino，还存在哪些其他开源电子设计平台？为什么说开源是大智若愚的推广方式？它相对于传统商业推广方式有哪些优势？又存在哪些弊端？

　　（2）讨论 Arduino 创始团队选用 Atmel 系列的单片机作为核心板的中央处理器的原因。

　　（3）从网络搜索下载一款自己感兴趣的 Arduino 核心板的硬件电路设计图，并回答以下问题：

　　① 它使用什么型号的微处理器？

　　② 供电子模块是怎样设计的？有哪些从外界供电的方案？

　　③ 怎样下载用 Arduino IDE 编写的程序？

　　④ 思考应用实例，说明该板适用于设计哪些类型的电子系统。

　　⑤ 以表 1.1 为模板，为选择的核心板制作一张特性总结表。

　　（4）选择一款 Arduino 核心板，用万用表测量核心板边缘的引脚与处理器芯片引脚的连接关系，如电源引脚、GND、数字 I/O 引脚等，验证处理器芯片引脚是否按照电路图的设计连接到了核心板边缘引脚上。

## 第 2 章

体验 Arduino

2.1 实战 2-1：从 Nano 向 PC 发送数据

2.1.1 问题和目标

刚拿到 Nano,读者感兴趣的首要问题往往是：这块 Nano 板是否工作正常？怎样编写一个简单的测试程序,并且下载到 Nano 中,验证它是否工作正常？

本实战提供了一个解决上述问题的案例。在 PC 上安装 Arduino IDE 软件开发平台,编写从 Nano 向 PC 发送 Hello 的程序,并且从 Arduino IDE 软件的自带串口监视器上观察接收到的数据。

本实战的目标是帮助读者了解 Arduino 的 IDE 程序的基本组成、编程语言风格,以及下载程序到开发板进行测试的具体流程。

2.1.2 解决方案

首先,从 Arduino 官网下载 IDE 并安装在 PC 上。本书案例部分采用 1.8.9 版本的 IDE,并且采用 Windows 操作系统。注意 Arduino IDE 提供绿色无须安装的压缩文件包,在硬盘中解压就能直接使用。

用 USB 线把 Nano 和 PC 相连,如图 2.1 所示。

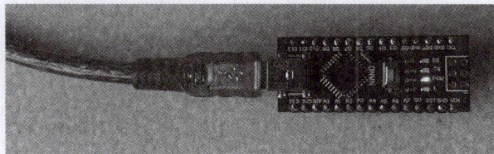

图 2.1 Nano 与 PC 连接

PC 上需要安装支持 Nano 板载串口通信芯片的驱动程序,从而支持 PC 与 ATmega328P 的串口通信。如果 Nano 没有自动安装,可以用 Windows 安装驱动程序,并且指定驱动程序存放在 Arduino 安装目录下的 drivers 子目录,从而完成驱动程序的安装。

程序的开发设计包括以下 6 个步骤。

(1) 首先打开 Arduino IDE,IDE 将自动给每个新项目的程序文件添加两个子函数: setup()和 loop(),如图 2.2 所示。

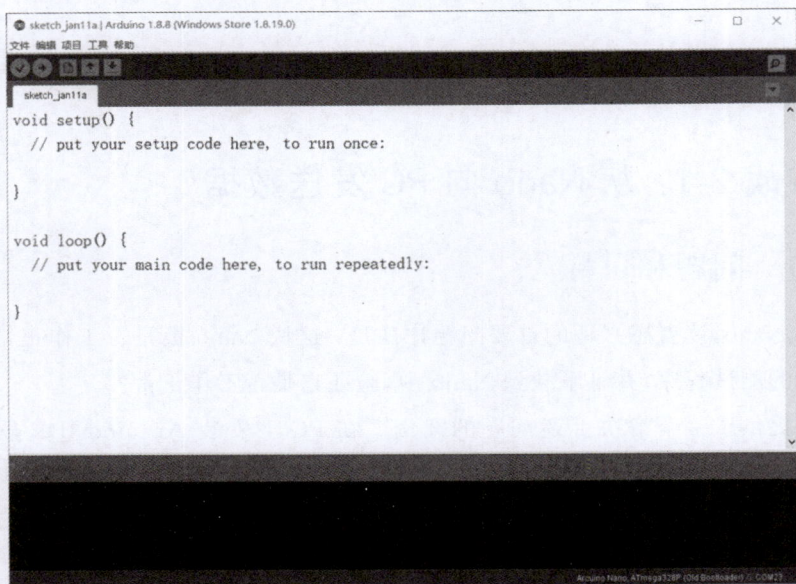

图 2.2　IDE 的启动界面

setup()函数是初始化配置函数,主要用于编写一次性初始化配置相关的代码。核心板在启动后只运行一次 setup()函数。

loop()函数是循环函数。在 setup()函数执行完成后,持续循环运行 loop()函数中的代码。

(2) 选择 Arduino Nano 开发板,如图 2.3 所示。

(3) 选择与实际开发板一致的处理器型号,如图 2.4 所示。

(4) 选择 Nano 使用的端口,如图 2.5 所示。如果 PC 上安装了多个端口,可以用设备管理器查询 Nano 对应的端口。

(5) 编写程序实现向 PC 发送 Hello 字符串。

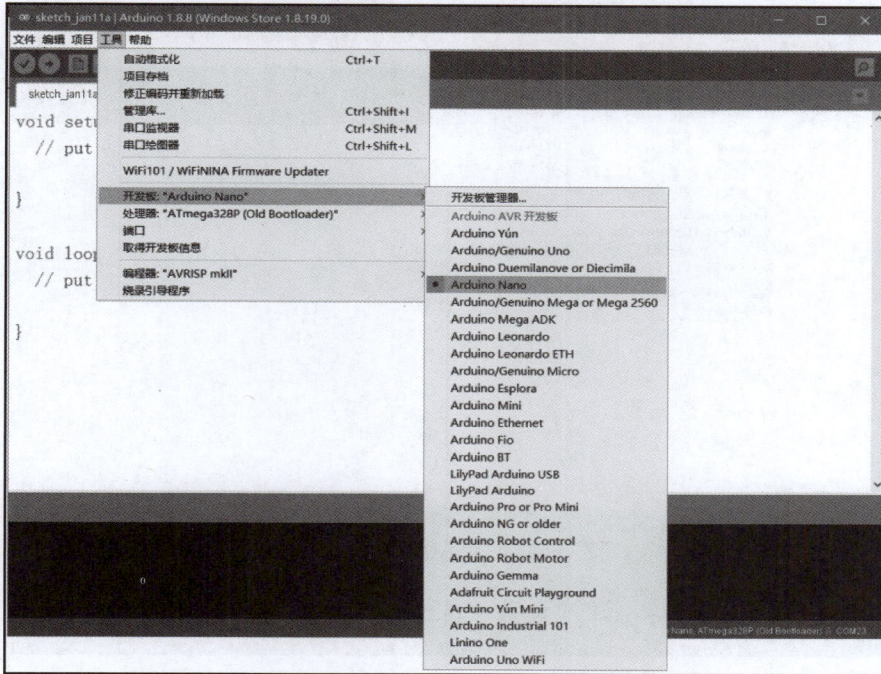

图 2.3 选择 Arduino Nano 开发板

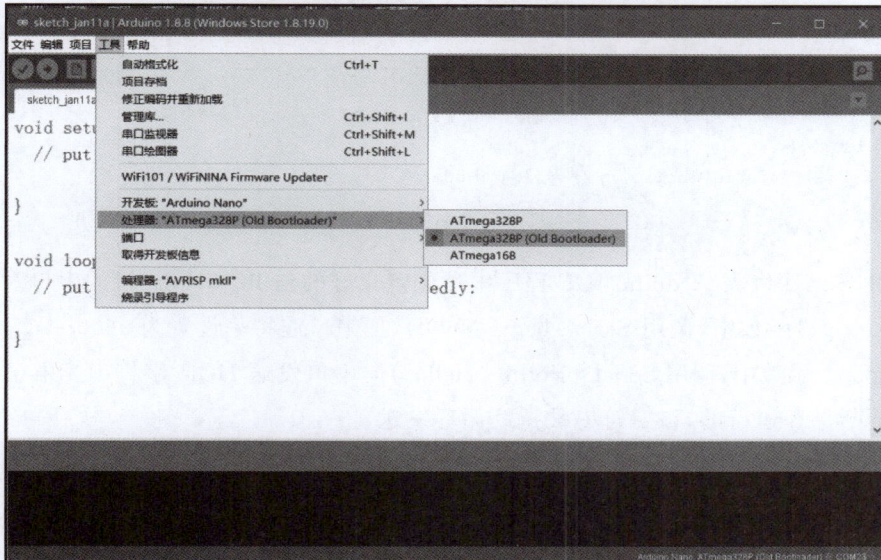

图 2.4 选择处理器

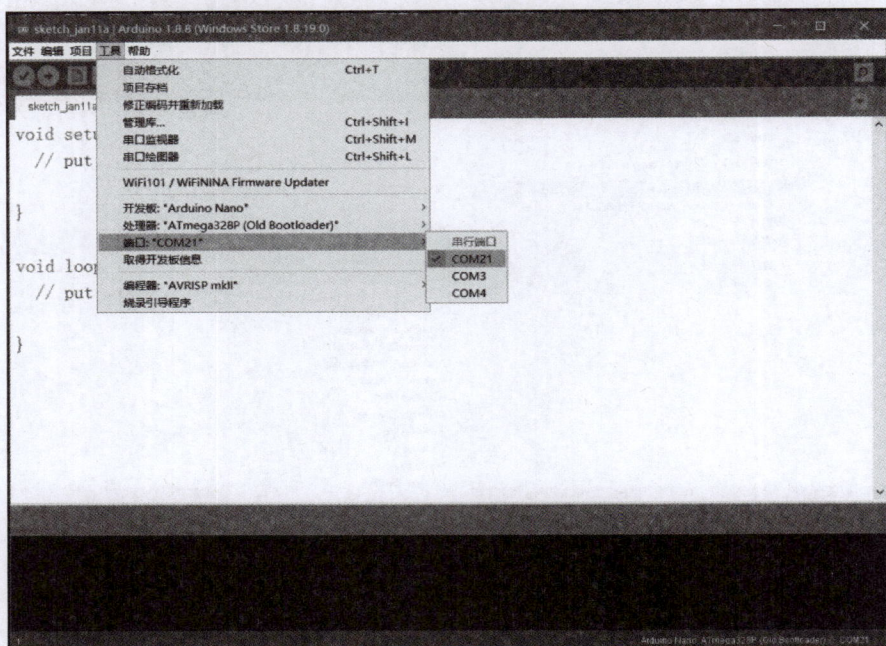

图 2.5　选择端口

程序 2.1　实战 2-1 代码

```
void setup() {
    Serial.begin(9600);          //设置串口波特率为 9600
}
void loop(){
    Serial.println("Hello"); //串口打印 Hello
}
```

其中,Serial 代表 Arduino IDE 程序中预先定义好的与 PC 串口连接的串口对象。

在 setup()函数中,调用 Serial.begin(9600),把串口波特率设置为 9600b/s。

在 loop()函数中,调用 Serial.println("Hello")向串口发送 Hello 字符串。由于 loop()函数是不断循环运行的,该字符串被持续循环发送。

执行"文件"→"保存"菜单命令,保存当前项目程序为 test.ino。注意 Arduino IDE 的所有程序文件都是以.ino 为后缀命名的。

保存完成后,单击 Arduino IDE 左上方的√按钮进行编译,如图 2.6 所示。编译成功后,单击编译按钮右边的上传按钮。上传成功后,窗口下方有文字提示,如图 2.7 所示。

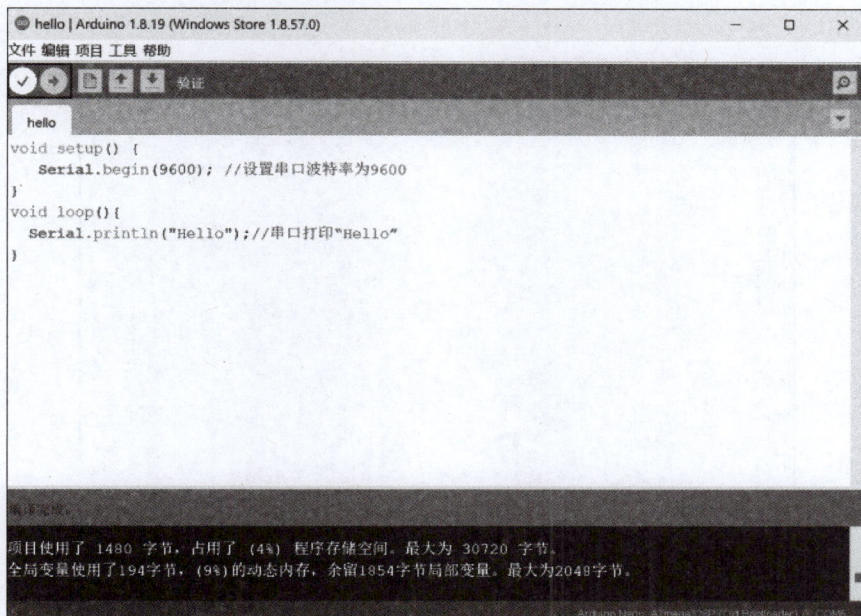

图 2.6 编译工程文件

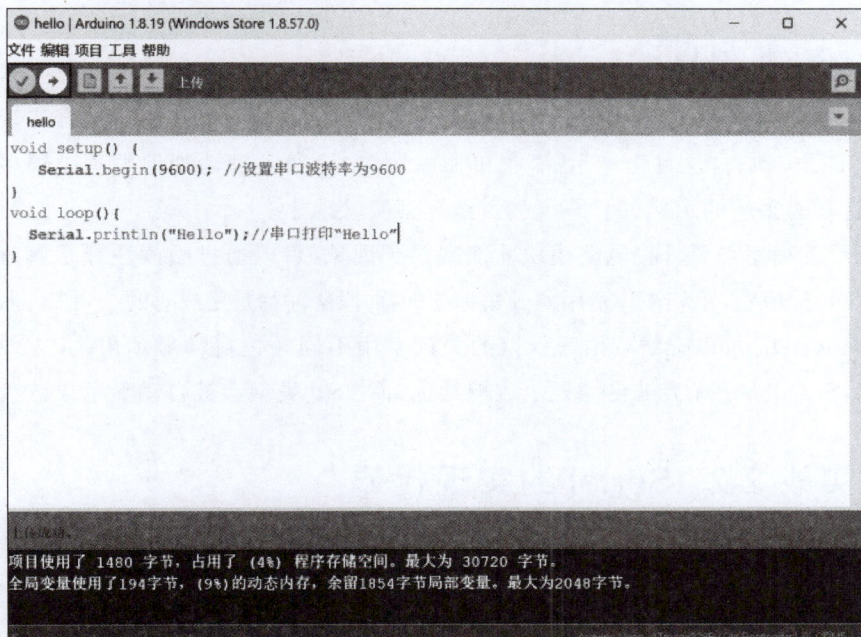

图 2.7 上传代码

在 Arduino IDE 中,执行"工具"→"串口监视器"菜单命令,弹出串口监视窗口,如图 2.8 所示,可以看到程序的运行结果。

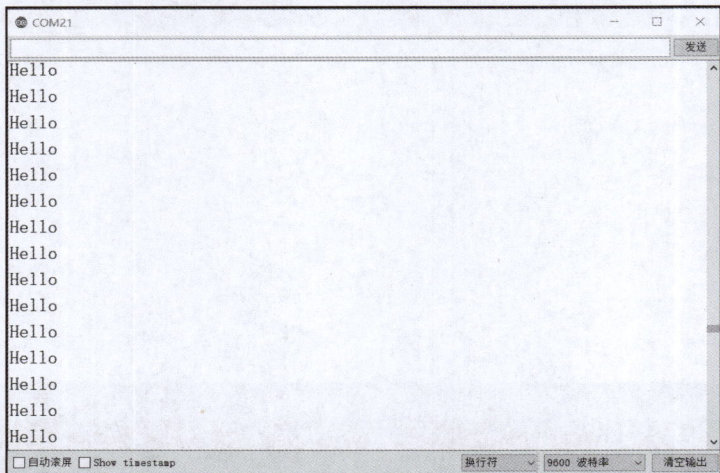

图 2.8　串口监视窗口

可见,程序已经在开发板上成功运行,并通过串口不断向 PC 发来 Hello 字符串。

2.1.3　扩展讨论

通过实战 2-1 可以看到 Arduino IDE 编程是使用面向对象的 C++语言实现的。在 Arduino IDE 中执行"文件"→"示例"菜单命令,其中已经条理清晰地整理了很多应用实例,读者打开感兴趣的示例,编译下载运行,观察实验现象。

有些示例程序需要外接电路模块才能观察到现象,可以通过阅读注释了解细节。在 Arduino IDE 程序中,单句注释是用//开头标注的,而段落注释是用成对的/﹡和﹡/标注的。

Arduino IDE 可以把编程语言保留的关键字用不同颜色自动显示出来,方便读者识别。例如,Serial.begin 会被自动显示成橙红色,而 void 类型会被自动显示成蓝色。

2.2　实战 2-2:Serial 的实现代码

2.2.1　问题和目标

为充分展示 Arduino IDE 的高级库函数的实现细节,本节将以实战 2-1 调用的 Serial 为例,解决以下问题:Serial 在 Arduino IDE 中的实现代码究竟是怎样的?

本实战的目标是帮助读者直观地感受 Arduino IDE 中高级库函数的源程序实现细节。

2.2.2　解决方案

读者可以进入 Arduino IDE 安装目录下的\hardware\arduino\avr\cores\arduino 文件夹,浏览该文件夹下的内容,如图 2.9 所示。

名称	修改日期	类型	大小
abi.cpp	2017/10/16 13:20	CPP 文件	2 KB
Arduino.h	2018/9/10 11:48	H 文件	8 KB
binary.h	2018/9/10 11:48	H 文件	11 KB
CDC.cpp	2018/9/10 11:48	CPP 文件	9 KB
Client.h	2018/9/10 11:48	H 文件	2 KB
HardwareSerial.cpp	2018/9/10 11:48	CPP 文件	9 KB
HardwareSerial.h	2018/9/10 11:48	H 文件	6 KB
HardwareSerial_private.h	2018/9/10 11:48	H 文件	5 KB
HardwareSerial0.cpp	2018/9/10 11:48	CPP 文件	3 KB
HardwareSerial1.cpp	2018/9/10 11:48	CPP 文件	3 KB
HardwareSerial2.cpp	2018/9/10 11:48	CPP 文件	2 KB
HardwareSerial3.cpp	2018/9/10 11:48	CPP 文件	2 KB
hooks.c	2017/10/16 13:20	C 文件	2 KB
IPAddress.cpp	2018/9/10 11:48	CPP 文件	3 KB
IPAddress.h	2018/9/10 11:48	H 文件	3 KB
main.cpp	2018/9/10 11:48	CPP 文件	2 KB
new.cpp	2017/10/16 13:20	CPP 文件	2 KB
new.h	2017/10/16 13:20	H 文件	1 KB
PluggableUSB.cpp	2018/9/10 11:48	CPP 文件	3 KB
PluggableUSB.h	2018/9/10 11:48	H 文件	3 KB
Print.cpp	2018/9/10 11:48	CPP 文件	6 KB

图 2.9　Serial 的实现代码所在的文件夹

然后,用文本编辑器打开 HardwareSerial.h 文件,可以发现其中定义了 HardwareSerial 类,以及一个该类的对象 Serial,代码如下。

程序 2.2　HardwareSerial.h 文件中部分代码

```
class HardwareSerial : public Stream
{ protected:
    volatile uint8_t * const _ubrrh;
    volatile uint8_t * const _ubrrl;
    volatile uint8_t * const _ucsra;
    volatile uint8_t * const _ucsrb;
    volatile uint8_t * const _ucsrc;
    volatile uint8_t * const _udr;
    // Has any byte been written to the UART since begin()
```

```cpp
    bool _written;

    volatile rx_buffer_index_t _rx_buffer_head;
    volatile rx_buffer_index_t _rx_buffer_tail;
    volatile tx_buffer_index_t _tx_buffer_head;
    volatile tx_buffer_index_t _tx_buffer_tail;

    // Don't put any members after these buffers, since only the first
    // 32 bytes of this struct can be accessed quickly using the ldd
    // instruction.
    unsigned char _rx_buffer[SERIAL_RX_BUFFER_SIZE];
    unsigned char _tx_buffer[SERIAL_TX_BUFFER_SIZE];

  public:
    inline HardwareSerial(
      volatile uint8_t * ubrrh, volatile uint8_t * ubrrl,
      volatile uint8_t * ucsra, volatile uint8_t * ucsrb,
      volatile uint8_t * ucsrc, volatile uint8_t * udr);
    void begin(unsigned long baud) { begin(baud, SERIAL_8N1); }
    void begin(unsigned long, uint8_t);
    void end();
    virtual int available(void);
    virtual int peek(void);
    virtual int read(void);
    virtual int availableForWrite(void);
    virtual void flush(void);
    virtual size_t write(uint8_t);
    inline size_t write(unsigned long n) { return write((uint8_t)n); }
    inline size_t write(long n) { return write((uint8_t)n); }
    inline size_t write(unsigned int n) { return write((uint8_t)n); }
    inline size_t write(int n) { return write((uint8_t)n); }
    using Print::write; // pull in write(str) and write(buf, size) from Print
    operator bool() { return true; }

    // Interrupt handlers - Not intended to be called externally
    inline void _rx_complete_irq(void);
    void _tx_udr_empty_irq(void);
};
# if defined(UBRRH) || defined(UBRR0H)
  extern HardwareSerial Serial;
  # define HAVE_HWSERIAL0
# endif
```

继续用文本编辑器打开 HardwareSerial.cpp 文件,可以发现其中给出了 Serial 对象的成员函数 begin() 的实现代码,如程序 2.3 所示。可见,该实现代码密集地对处理器内部的寄存器进行了配置操作,从而实现了预定的串口配置功能。

程序 2.3　Serial. begin() 的实现代码

```
void HardwareSerial::begin(unsigned long baud, byte config)
{
  // Try u2x mode first
  uint16_t baud_setting = (F_CPU / 4 / baud - 1) / 2;
  *_ucsra = 1 << U2X0;

  // hardcoded exception for 57600 for compatibility with the bootloader
  // shipped with the Duemilanove and previous boards and the firmware
  // on the 8U2 on the Uno and Mega 2560. Also, The baud_setting cannot
  // be > 4095, so switch back to non-u2x mode if the baud rate is too
  // low.
  if (((F_CPU == 16000000UL) && (baud == 57600)) || (baud_setting > 4095))
  {
    *_ucsra = 0;
    baud_setting = (F_CPU / 8 / baud - 1) / 2;
  }

  // assign the baud_setting, a.k.a. ubrr (USART Baud Rate Register)
  *_ubrrh = baud_setting >> 8;
  *_ubrrl = baud_setting;

  _written = false;

  //set the data bits, parity, and stop bits
#if defined(__AVR_ATmega8__)
  config |= 0x80; // select UCSRC register (shared with UBRRH)
#endif
  *_ucsrc = config;

  sbi(*_ucsrb, RXEN0);
  sbi(*_ucsrb, TXEN0);
  sbi(*_ucsrb, RXCIE0);
  cbi(*_ucsrb, UDRIE0);
}
```

2.2.3　扩展讨论

上述实现代码包含的头文件(如 stdlib. h、stdio. h 等)中,定义了代码里使用的大量函数和宏定义。有兴趣的读者可以在 Arduino IDE 安装目录下的 hardware\tools\avr\avr\include 文件夹中搜索这些头文件的代码,深入钻研 Serial 对象的编程实现方法。

2.3　实战 2-3：隐藏的 main()函数

2.3.1　问题和目标

在实战 2-1 中，可以直观地感受到，Arduino IDE 编程采用了类似 C++的语言。众所周知，在使用 C++编程时，程序的主流程包含在 main()函数里，main()函数是 C++编程的入口主函数。然而，实战 2-1 的代码中却没有出现 main()函数。究竟 main()函数去哪儿了？

本实战要解决的问题是定位 main()函数的存储位置，并且解析 main()函数的实现代码。

本实战的目标是帮助读者深入理解 Arduino IDE 编程中的 main()函数的实现方法，以及 Arduino IDE 应用程序的编译机制。

2.3.2　解决方案

读者可以进入安装目录内的\hardware\arduino\avr\cores\arduino 文件夹，找到并打开 main.cpp 文件，代码如下。

程序 2.4　main()函数的实现代码

```
# include < Arduino. h >
// Declared weak in Arduino. h to allow user redefinitions.
int atexit(void ( * / * func * / )()) { return 0; }


// Weak empty variant initialization function.
// May be redefined by variant files.
void initVariant() __attribute__((weak));
void initVariant() { }
void setupUSB() __attribute__((weak));
void setupUSB() { }


int main(void)
{
    init();
    initVariant();
# if defined(USBCON)
    USBDevice. attach();
# endif
    setup();
```

```
    for (;;) {
        loop();
        if (serialEventRun) serialEventRun();
    }
    return 0;
}
```

可见,Arduino IDE 编程的思想是让开发者集中精力设计 setup()和 loop()子函数。Arduino IDE 在后台编译程序时,是按照 C++程序设计的规则编译应用程序,同样使用 main()函数作为入口函数,负责运行程序的主流程。main()函数在执行几个系统初始化函数后,先执行 setup()函数完成用户的初始化代码,然后循环执行 loop()函数以及 serialEventRun()函数中的代码。

2.3.3 扩展讨论

main()函数的一开始就包含了 Arduino.h 文件。该文件位于安装目录内的子文件夹\hardware\arduino\avr\cores\arduino,其中包含了很多有趣的宏和函数定义。感兴趣的读者可以深入研究。

2.4 实战 2-4:用 Nano 烧写 Bootloader

2.4.1 问题和目标

一般来说,每块 Arduino 核心板都是预先烧录好 Bootloader 的,这样用户收到板子后就能够把在 Arduino IDE 中编写的程序通过 PC 的 USB 接口下载到核心板内。然而,可能会出现 Bootloader 被破坏的情况,就如同 PC 的操作系统突然崩溃了。这时就需要用外部下载器恢复这个 Bootloader,相当于重装操作系统。

有很多种类的外部下载器可供使用,如 UsbTinyIsp、mkII 等。实际上,比较方便的方式是,先把一块 Arduino 核心板烧写成 ISP 下载器,然后再对另一块 Arduino 核心板烧写 Bootloader。

下面将用一个实战案例解决怎样使用一块 Nano 为另一块 Nano 烧写 Bootloader 的问题。

本实战的目标是帮助读者掌握灵活使用 Nano 为 Atmel 单片机系统烧写 Bootloader,从而制作 Arduino 核心板的步骤。

2.4.2 解决方案

本实战将采用以下几个步骤解决上述问题。

1. 把一块 Nano 制作成 ISP 编程器

首先把一块 Nano 通过 USB 电缆连接到 PC 的 USB 端口。然后，打开 Arduino IDE，如图 2.10 所示，执行"文件"→"示例"→ArduinoISP 菜单命令，打开相应的 ArduinoISP 程序。如图 2.11 所示，在"工具"菜单下，正确地配置开发板、处理器、端口选项等信息。最后，单击上传按钮，将打开的 ArduinoISP 程序编译后上传到 Nano，直到显示上传成功。

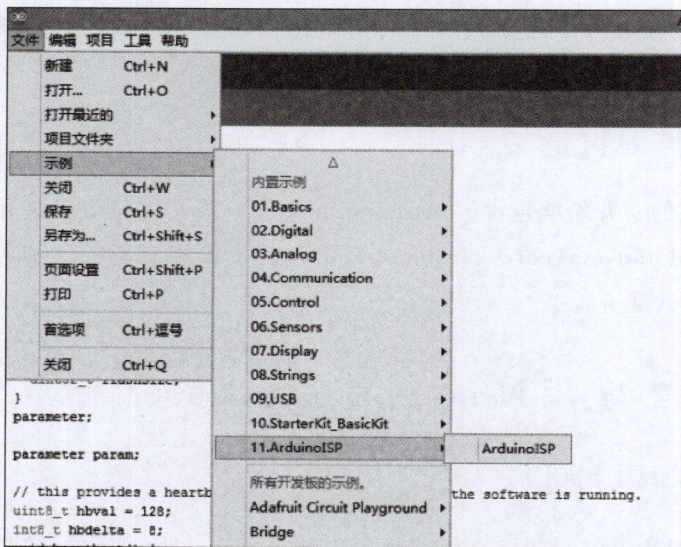

图 2.10　选择 ArduinoISP 示例程序

2. 用 Nano ISP 编程器为另一块 Nano 烧写 Bootloader

先把烧写好的 Nano ISP 编程器的 D13、D12、D11 引脚分别连接到待烧写板的 D13、D12、D11 引脚，把 Nano ISP 编程器的 D10 引脚连接到待烧写板的 RST 引脚，最后分别连接两块板的 5V 和 GND 引脚。图 2.12 所示为两块电路板的连接方式，其中左侧为烧写好的 Nano ISP 编程器，右侧为待烧写板。

如图 2.13 所示，执行"工具"→"编程器：'Arduino as ISP'"菜单命令，然后选择烧录引导程序。等待片刻，状态反馈栏会显示烧录程序成功完成。最后，可以用实战 2-1 进行测试，如果能够成功实现实战 2-1 的功能，则确实成功地烧录了 Bootloader。

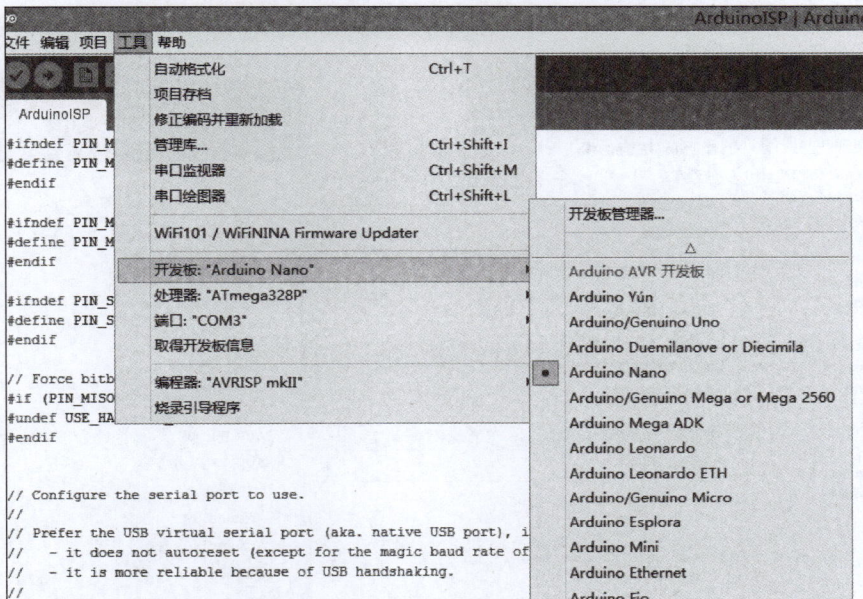

图 2.11 配置开发板等信息

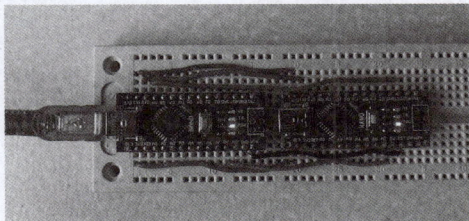

图 2.12 两块电路板的连接方式[①]

2.4.3 扩展讨论

可以参考 Arduino 官网资料(https://docs.arduino.cc/retired/getting-started-guides/ArduinoISP/),了解各种烧录 Bootloader 的技巧。有兴趣的读者还可以参考 https://docs.arduino.cc/built-in-examples/arduino-isp/ArduinoToBreadboard/,了解使用面包板制作 Arduino 核心板并且烧录 Bootloader 的方法。另外,可浏览 Arduino 安装目录下 hardware\arduino\avr\bootloaders 子文件夹,其中包含了所有 Bootloader 的相关文件,感兴趣的读者可以深入研究。

---

① 可查看书附电子资源中的彩色图片,了解连线细节。

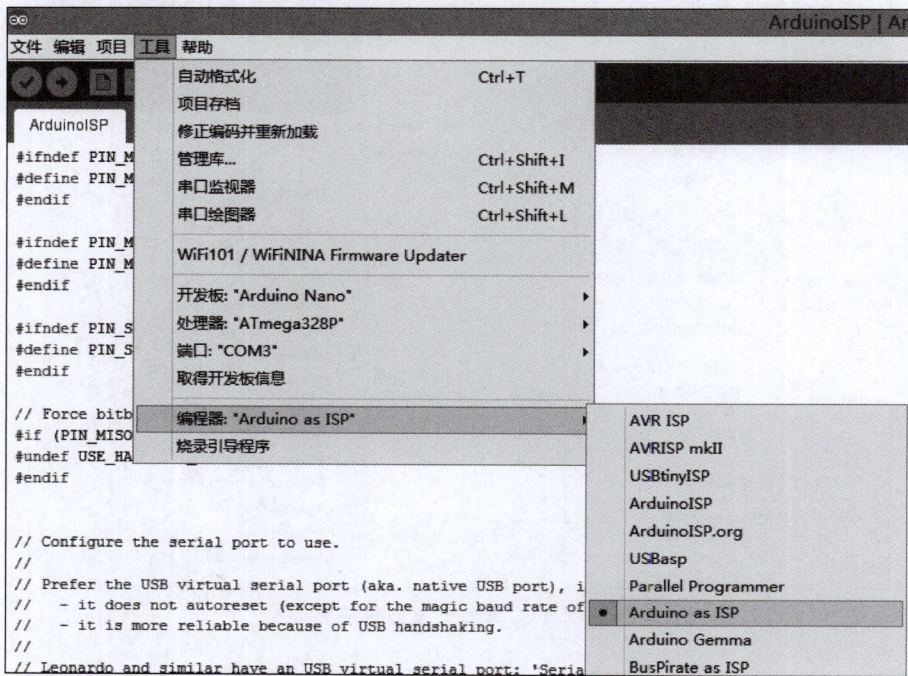

图 2.13　选择"工具"菜单中的编程器和烧录引导程序

2.5　IDE 编程的特点

从以上实战中可以总结出 IDE 编程具有以下特点。

1. 支持用 C++语言和高级库函数快速开发应用

实战 2-1 使用 C++语言编程,并且调用 Serial 对象的高级库函数,快速开发了向 PC 串口发送字符串的应用。Arduino IDE 程序开发的便利之处就在于内置了大量的高级库函数资源,能够降低开发的技术门槛,使初入门的开发者能够快速上手 Arduino 电子设计。这是 Arduino 风靡全球的主要原因之一。

另外,Arduino IDE 也支持用户自己定制开发库函数后,集成到 Arduino IDE 内部供其他用户共享的机制。有兴趣的读者可以在官网上搜索资料研究库函数开发的技术细节。

2. 允许对寄存器操作开发高性能应用

从实战 2-2 中可以体会到,Serial 对象的成员函数 begin()实际上是通过操作底层的处理器寄存器来实现的。在开发高性能的电子系统时,使用库函数的开发方式,往往会限制对处理器的灵活配置,不能最大程度地发挥处理器的性能。既然 Arduino IDE 提供了通过寄存器操作定制开发库函数的功能,它也允许高水平电子设计者直接对寄存器操作,最大程度地挖掘处理器的性能,开发高性能的电子系统。

3. 自动调用 setup()和 loop()函数构成 main()函数后编译

实战 2-3 说明 Arduino IDE 在编译程序时,会自动调用 setup()和 loop()函数构成 main()函数后编译。这样做的优势是帮助用户集中精力,设计关键性代码,把一次性初始化代码整合在 setup()函数中,把循环执行的代码集中在 loop()函数中,提高了编程的效率。

4. 完备支持 Bootloader 烧录

从实战 2-3 中可以发现,Arduino IDE 提供了对硬件的完备支持,可以方便地使用一块 Arduino 核心板,通过烧录 Bootloader 的方式,把另一块 Atmel 单片机系统制作成核心板,从而也能支持用 Arduino IDE 编程、编译、下载程序的软件开发流程。这也是 Arduino 风靡全球电子设计领域的原因之一。

5. 免费开放源程序代码

从上面的实战中可以发现,Arduino IDE 内部的程序源代码是免费开放的。正是由于这个原因,很多电子设计开发者使用 Arduino IDE 在开源代码的基础上设计出了大量创意十足的杰出创作,并且用互联网平台继续开源贡献给更多的设计者。一些杰出的电子设计,也可以通过库文件的形式,加载到 Arduino IDE 软件里,获得更广泛的用户支持。

本章小结

本章通过实战案例,带领读者初步体验了 Arduino IDE 编程设计的过程、高级库函数的代码开源风格、隐藏自动编译入口 main()函数,以及向另一块 Atmel 单片机烧写 Bootloader 的过程。

感兴趣的读者可以通过网络搜索资料,并且搭建实验,完成拓展练习,深入研究和掌握 Arduino IDE 编程的技巧。特别值得注意的是,在 Arduino 官网的 Tutorial 中,提供了使用面包板和简单的元件搭建 Arduino 样机,并且用 AVR 编程器或另一块 Arduino 核心板为 Arduino 样机烧写 Bootloader 的详细步骤。

拓展练习

（1）研究 Nano 的电路图，思考当 Arduino IDE 下载软件时，FT232 芯片的 TX、RX、RESET 引脚的输出信号时序。

（2）请总结 Arduino IDE 编程设计、Atmel 单片机编程设计、ARM 编程设计，以及 FPGA 编程设计的相似点和差异点。

（3）从网络搜集资料，研究提取 Arduino IDE 编译生成的最终 HEX 格式二进制代码，以及不用 Arduino IDE 串口下载程序，直接把 HEX 代码烧写到处理器芯片的方法。

（4）从网络搜集资料，制作一款基于面包板的 Arduino 样机，并完成以下任务：

① 列出使用的元件表，包括元件名称、型号、数量等；

② 用面包板把这些元件集成制作为一块自己的 Arduino 核心板；

③ 查找为自己的核心板烧写 Bootloader 的方法，并做实验验证；

④ 应用第 2 章实战案例，验证测试自己的 Arduino 核心板是否能够成功运行。

基　础　篇

▶▶▶

第 3 章　Arduino 程序设计基础

3.1　Arduino 编程简介

Arduino 程序非常简单易用,尤其是对于有 C 语言编程基础的使用者。本章将介绍 Arduino 程序的语法和常用功能。打开 Arduino IDE,将自动给每个新项目的程序文件中添加两个函数:setup()和 loop()。

Arduino 程序不需要写 main()函数,但必须有 setup()和 loop()函数,这就是 Arduino 程序最基本的结构。用户关注 setup()和 loop()函数的编程设计即可,Arduino IDE 内部会自动生成 main()函数,具体细节可以参考第 2 章中的实战内容。

3.2　Arduino 常用数据类型

Arduino 常用数据类型如表 3.1 所示。

表 3.1　Arduino 常用数据类型

数 据 类 型	字节数	取 值 范 围	存 储 类 型
int	2	−32 768～32 767	正或负的整数
unsigned int	2	0～65 535	正的整数
long	4	−2 147 483 648 ～2 147 483 648	大范围的整数
unsigned long	4	0～4 294 967 295	大范围的正整数
float	4	−3.402 823 5E+38 ～3.402 823 5E+38	浮点数

续表

数 据 类 型	字节数	取 值 范 围	存 储 类 型
double	4	$-3.402\,823\,5\mathrm{E}+38$ $\sim 3.402\,823\,5\mathrm{E}+38$	在 ATmega 系列的 8 位微处理器中,double 和 float 都是 4 字节
Boolean	1	true,false	只能是 true 或 false
char	1	$-128\sim127$	通常用来表示字符,也可以表示范围内的整数
Byte	1	$0\sim255$	小范围的正整数

与 C 语言相似,变量类型的选择与实际要求相关,在定义一个变量时就必须声明这个变量的类型,如

```
float x = 0.1;      //声明一个值为 0.1,变量名为 x 的浮点型变量
```

3.2.1　浮点数精度的问题

需要注意的是,Arduino 在计算、存储浮点数时,会产生精度误差。接下来用一个例子说明。

首先,在 setup()函数中声明一个浮点数。

```
void setup() {
    Serial.begin(9600);                 //初始化串口,波特率为 9600
    float x = 0.1;
}
void loop(){
    x = x - 0.1;
    if(x == 0){                         //如果 x 等于 0
        Serial.println("x 与 0 相等");    //打印语句
    }else {                             //否则,如果 x 小于 0
        Serial.println("x 不等于 0");     //打印另一个语句
    }
}
```

运行上述程序,串口监视器将会持续输出"x 不等于 0"。一般而言,大家都会觉得程序输出应该是第一句"x 与 0 相等",但输出却是"x 不等于 0"。这是为什么呢? 原因是,程序里写的十进制小数在计算机内部只能用二进制的小数近似表示,所以无法精确地表征。对于二进制小数,小数点右边能表达的值是 $1/2,1/4,1/8,1/16,1/32,1/64,1/128,\cdots,$ $1/2^n$。所有这些小数都是一点一点地拼凑出来的一个近似的数值,所以才会有不准确的现象发生。

由上可知,如果需要对浮点型的数字进行大小判断,不能直接使用==、>或<,而要使用相对差值,可以用一个程序实现浮点数的比较。

```
boolean almostEqual(float a, float b){
    const float DELTA = .00001; //如果两个值相差小于此值,视为相等
    if(a == 0) return fabs(b) <= DELTA;
    if(b == 0) return fabs(a) <= DELTA;
    return fabs((a - b) / max(fabs(a), fabs(b))) <= DELTA;
}
```

3.2.2　变量作用域

在 Arduino 中声明的变量,有一个名为作用域(Scope)的属性。简单来说,在某个函数内部声明的变量,只在其函数内部可用。这样,当程序规模很大时,可以防止很多难以预料的错误。

例外的是,在 for 循环的括号中声明并初始化的变量,只在 for 循环中可用,举例如下。

```
int x;             // 任何函数都可以调用此变量
void setup(){
}
void loop(){
    int i;         // i 只在 loop()函数内可用
    float f;       // f 只在 loop()函数内可用
    // ...
    for (int j = 0; j < 100; j++){
     //变量 j 只能在循环括号内访问
    }
}
```

3.3　Arduino 中的运算

Arduino 提供了一套丰富的运算编程功能。本书将根据用途的不同,将运算符分组进行介绍。

3.3.1　算术运算符

本节介绍 Arduino 中的一些常用算术运算符,如表 3.2 所示。实例假设整数变量 A 的值为 10,变量 B 的值为 20。

表 3.2　Arduino 常用算术运算符

运　算　符	描　　述	例　　子
＋	加法	A＋B＝30
－	减法	A－B＝－10
＊	乘法	A＊B＝200
/	除法	B / A＝2
％	取余，左操作数除以右操作数的余数	B％A＝0
abs(x)	取绝对值	abs(－10)＝10
min(x,y)	取较小值	min(A,B)＝10
max(x,y)	取较大值	max(A,B)＝20
pow(x,y)	计算 x 的 y 次方	pow(3,2)＝9
sqrt(x)	计算 x 的平方根	sqrt(4)＝2

3.3.2　关系运算符

表 3.3 所示为 Arduino 支持的常用关系运算符。实例假设整数变量 A 的值为 10，变量 B 的值为 20。

表 3.3　Arduino 常用关系运算符

运　算　符	描　　述	例　　子
＝＝	等于	(A＝＝B)为假(非真)
!＝	不等于	(A!＝B)为真
＞	大于	(A＞B)为假
＜	小于	(A＜B)为真
＞＝	大于或等于	(A＞＝B)为假
＜＝	小于或等于	(A＜＝B)为真

3.3.3　位运算符

Arduino 定义了位运算符，位运算符作用在所有位上，并且按位运算。

假设变量 A＝60，B＝13，它们的二进制格式表示如下。

```
A = 0011 1100
B = 0000 1101
```

表 3.4 列出了 Arduino 常用位运算符。

表 3.4　Arduino 常用位运算符

运 算 符	描 述	例 子
&	按位与	(A&B) 得到 12，即 0000 1100
|	按位或	(A|B) 得到 61，即 0011 1101
^	按位异或	(A^B) 得到 49，即 0011 0001
~	取反	(～A) 得到 −61，即 1100 0011
<<	按位左移	A<<2 得到 240，即 1111 0000
>>	按位右移	A>>2 得到 15，即 0000 1111

3.3.4　逻辑运算符

表 3.5 列出了 Arduino 常用逻辑运算符，其中，假设布尔变量 A 为 true，变量 B 为 false。

表 3.5　Arduino 常用逻辑运算符

运 算 符	描 述	例 子
&&	逻辑与	(A&&B) 为 false
||	逻辑或	(A||B) 为 true
!	非	!A 为 false

3.3.5　赋值运算符

表 3.6 列出了 Arduino 常用赋值运算符。

表 3.6　Arduino 常用赋值运算符

运 算 符	描 述	例 子
+=	加和赋值	C+=A 等价于 C=C+A
−=	减和赋值	C−=A 等价于 C=C−A
*=	乘和赋值	C*=A 等价于 C=C*A
/=	除和赋值	C/=A 等价于 C=C/A
<<=	左移位赋值	C<<=2 等价于 C=C<<2
>>=	右移位赋值	C>>=2 等价于 C=C>>2
&=	按位与赋值	C&=2 等价于 C=C&2
|=	按位或赋值	C|=2 等价于 C=C|2

3.3.6　限制取值范围

使用 constrain(x,min,max) 函数可以确保返回值在 min～max 的范围内。

很多时候需要一些值必须被限制在某些范围内，如电压值过大的话会烧毁元件，过小的话不能保证元件正常工作。在这种情况下就可以用 constrain() 函数获取一个范围内的值。

令 min＝200,max＝220,则在不同的 x 值情况下,constrain(x,min,max) 的返回值的变化如表 3.7 所示。

表 3.7　constrain() 函数举例

x	constrain(x,min,max) 的返回值
190	200
210	210
230	220

3.3.7　取整

对一个浮点数向上或向下取整是一个常用的操作。使用 floor(x)获取不大于 x 的最大整数;使用 ceil(x)获取不小于 x 的最小整数。

表 3.8 所示为在不同的 x 值情况下,取整函数举例。

表 3.8　取整函数举例

x	floor(x)的返回值	ceil(x)的返回值
1	1.00	1.00
1.5	1.00	2.00
−1.5	−2.00	−1.00

3.3.8　三角函数

为适应实际需要,Arduino 提供了丰富的三角函数功能。

```
double sin(double x);
double cos(double y);
double tan(double x);
double acos(double x);
double asin(double x);
double atan(double x);
```

需要注意的是,三角函数的默认输入变量为弧度(rad)。如果输入变量是用角度表示的,务必转换为弧度单位。

3.3.9 随机数

Arduino 提供了方便的函数实现随机数的获取。

```
random(min, max);        //返回范围为[min, max - 1]的一个随机数
random(max);             //当 min 省略时默认为 0,返回范围为[0,max - 1]的一个随机数
```

3.4 Arduino 的循环语句

顺序结构的程序语句只能被执行一次。如果想要执行多次同样的操作,就需要使用循环结构。下面将分别介绍 Arduino 中主要的循环结构。

3.4.1 while 循环

while 是最基本的循环,它的结构为

```
while(布尔表达式) {
   //循环内容
}
```

只要布尔表达式为 true,循环就会一直执行下去。例如,下列程序会循环 100 次。

```
int x = 100;             //设置循环次数(全局变量)
void setup() {
    Serial.begin(9600);   //初始化串口,波特率为 9600
}
void loop(){
    while( x > 0 ){
      //需要循环的语句
      x = x - 1;
    }
}
```

3.4.2 do…while 循环

对于 while 语句,如果不满足条件,则不能进入循环。但有时程序需要即使不满足条件,也至少执行一次。

do…while 循环和 while 循环相似,不同的是,do…while 循环至少会执行一次,其结构为

```
do {
        //代码语句
}while(布尔表达式);
```

举例如下。

```
do
{
    delay(1000);        //等待温度传感器稳定
    x = readTemp();     //获取温度传感器的值,readTemp()为自定义的函数

} while (x < 100);      //温度小于 100 则重复上述语句,大于 100 则执行后续语句
```

3.4.3 for 循环

虽然所有循环结构都可以用 while 或 do…while 表示,但 Arduino 提供了另一种语句——for 循环,使一些循环结构变得更加简单可控。

for 循环执行的次数是在执行前就确定的。语法格式如下。

```
for(初始化; 布尔表达式; 更新) {
    //代码语句
}
```

Arduino 的 for 循环与 C 语言完全相同,如

```
for(int x = 0; x < 10; x = x + 1) {
    //需要执行 10 次的语句
}
```

当 for 循环直接写在 loop()函数中时,会不断触发。

```
int i;
void setup() {
    Serial.begin(9600);
}
void loop() {
```

```
    for( i = 0; i < 10; i++)
    {
        Serial.println(i);
    }
}
```

输出结果如图 3.1 所示。

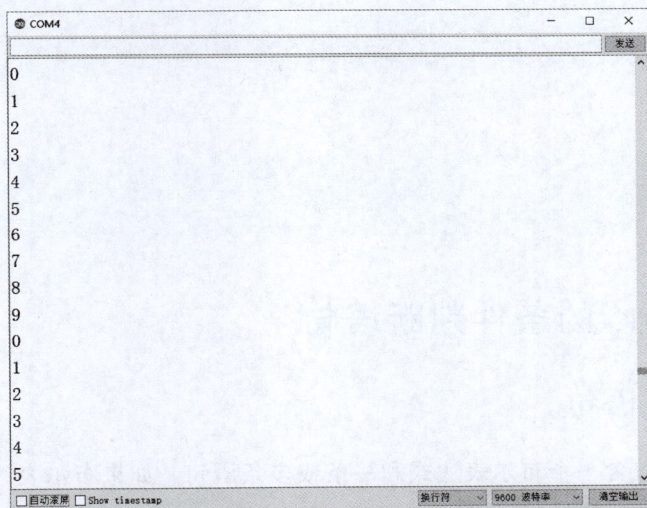

图 3.1　for 循环输出结果

3.4.4　循环的跳出

很多时候程序需要在满足一定条件下跳出循环，与 C 语言相似，Arduino 提供了 break 关键字。break 可以使程序跳出最里层的循环，并且继续执行该循环下面的语句。

```
for( int x = 0; x < 10; x = x + 1) {
    //x = 5 则跳出循环
    if( x == 5 ){
        break;
    }
}
```

除了 break 之外，Arduino 还提供 continue 关键字。

continue 适用于任何循环控制结构中，作用是让程序立刻跳转到下一次循环的迭代。

在 for 循环中,continue 关键字使程序立即跳转到更新语句。

在 while 或 do…while 循环中,程序立即跳转到布尔表达式的判断语句。

```
for(int x = 0; x < 3; x = x + 1) {
    //x = 1 则立刻跳转到下一次循环,不进行之后的语句处理
    if( x == 1 ){
        continue;
    }
    Serial.println(x);
}
```

串口处将输出

```
0
2
```

3.5　Arduino 的条件判断语句

3.5.1　if 语句

一个 if 语句包含一个布尔表达式和一条或多条语句。如果布尔表达式的值为 true,则执行 if 语句后的代码块,否则跳过 if 语句后的代码块。

```
int x = 1;
if( x == 1 ){      //x 值为 1 则执行花括号中的语句
    Serial.println("x 的值为 1");
}
else{              //否则执行 else 后的代码块
    Serial.println("x 的值不为 1");
}
Serial.println("程序结束");
```

串口处将输出

```
x 的值为 1
程序结束
```

3.5.2　switch case 语句

switch case 语句判断一个变量与一系列值中某个值是否相等,每个值称为一个分

支。尤其需要注意,不要遗忘每个 case 之后的 break 关键字,否则程序会继续执行后面的 case 语句和 default 关键字后面的语句。示例如下。

```
switch (value) {
    case 1:
        //当 value 等于 1 时执行此处语句
        break;
    case 2:
        //当 value 等于 2 时执行此处语句
        break;
    default:
        // 如果没有匹配项或 break,则执行此段
        // default 段是可选的
}
```

3.6　Arduino 数组与字符串

3.6.1　Arduino 中的数组

Arduino 中的数组与 C 语言基本相同,是一组变量的集合。数组的声明如下。

```
int list1[] = {1, 2, 3, 4};    //声明整型数组的同时初始化每个元素
float list2[5];                //声明一个长度为 5 的浮点型数组,但不初始化元素
Int list1[5] = {1,3,5};        //声明整型数组同时初始化前 3 个元素,未初始化的元素默认为 0
```

数组的索引是从 0 开始的,即

```
list[0] = 1;
list[3] = 4;
```

使用数组时一定要注意不能超出数组的索引范围,否则会出现无法预料的错误,而且编译器不会报警。

3.6.2　Arduino 中的字符串

Arduino 中最常用的数据类型之一是字符串,用来存储字符。与数组不同,字符串由一系列字符和用来表示结束的空字符组成。尤其注意分配空间和操纵字符串时不要忘记末尾的空字符。字符串的声明如下,末尾空字符不占空间,也不算在字符长度中。

```
char string0[6];              //声明长度为 6 的字符串
char string1[5] = "Hello";    //声明并初始化长度为 5 的字符串
char string2[12] = "Hello";   /* 声明一个长度为 12 的字符串数组,并初始化前 5 位,之后 7 位
                                 没有初始化 */
char string3[] = "Hello";     //由编译器初始化字符串并确定大小
```

3.6.3 字符串的常用操作

Arduino 预置了一些函数方便用户进行字符串的常用操作。字符串的常用操作如表 3.9 所示,示例中的字符串为 3.6.2 节声明的字符串。

表 3.9　字符串的常用操作

函 数 形 式	功　　能	示　　例
strlen(str)	获取字符串 str 的长度	strlen(string2); 结果为 12
strncpy(y,x)	将字符串 x 复制到 y 中	strncpy(string0,string1); 将 string1 复制到 string0 中,string0 现在为 Hello
strncpy(y,x,n)	将字符串 x 的前 n 个字符复制到 y 中	strncpy(string0,string2,5); 将 string2 的前 5 个字符复制到 string0 中,string0 现在为 Hello
strncpy(y,x)	将字符串 x 添加到 y 的末尾	strncpy(string2,string1); 将 string1 添加到 string2 的末尾,string2 现在为 HelloHello

strcmp(y,x)	比较字符串 x 和 y,如果相等就返回 0,如果不相等则返回第 1 个不同字母的 ASCII 码差值	strcmp(string1,"Hello");
		结果为 0
		strcmp(string1,"hello");
		结果为 −32
		strcmp(string1,"hfllo");
		结果仍然为 −32

3.7　String 及其成员函数

除了简单的字符串数组外,Arduino 还提供了类似于 C++语言中的 String 字符串对象,实现更加复杂的字符串操作。注意 String 对象的首字母是大写的 S,与 string 字符串不同。

String 对象的声明如下。

```
String String1 = "First String";      //声明一个 String 对象并初始化
String String2 = "Second String";     //声明一个 String 对象并初始化
String String3;                       //声明一个 String 对象,等待语句赋值
```

String 对象内置功能丰富的函数,如长度、比较等。其调用形式为"字符串对象名.函数名"。用刚刚定义的 String 作为例子:

```
int len = string1.length();            //length()为获取长度函数,len 的值为 12
```

String 的主要成员函数如表 3.10 所示。

表 3.10　String 的主要成员函数

函　数　名	功　　能
charAt(n)	返回 String 中的第 n 个字符
compareTo(String2)	与 String2 比较
concat(String2)	返回 String 与 String2 组合后的 String
endsWith(String2)	检查 String 是否以 String2 结尾
equals(String2)	检查 String 是否与 String2 相同
equalsIgnoreCase(String2)	检查 String 是否与 String2 相同(不区分大小写)
GetBytes(buffer,a)	复制字符 a 到提供的字节缓冲区
indexOf(a)	如若包含字符 a,则返回索引,否则返回一1
lastIndexOf(a)	与 indexOf()函数功能一样,但返回索引从结尾开始
length()	返回在 String 中的字符数量
replace(A,B)	将 String 中的所有实例 A 替换为 B
setCharAt(index,c)	存储字符 c 到 String 中给定的索引位置
startsWith(String2)	如果 String 以 String2 开头,则返回 true
substring(start,end)	返回 String 中从 start 开始到 end 前一个字符的字符串
toCharArray(buffer,len)	复制 String 中的 len 个字符到提供的缓冲区
toLowerCase()	所有字符都转化为小写
toUpperCase()	所有字符都转化为大写
trim()	去除开头和结尾的空格

特别地,使用+运算符,可以实现与字符串连接函数 concat()相似的功能。

```
String String4 = String1 + String2;     //String4 将变为 First stringSecond string
```

String 对象虽然内置了功能丰富的函数,但会比 string 字符串消耗更多的资源。当

使用数量巨大的字符串时,应当使用 string 字符串,并小心操作确保不会越界。

3.8 Arduino 中的函数

函数是一组一起执行一个任务的语句。在日常编程中,代码经常划分到不同的函数中,增强程序的规范性、可读性和可重复利用性。

函数声明即告诉编译器函数的名称、返回类型和参数。函数定义提供了函数的实际主体。如表 3.11 所示,Arduino 中的函数定义的一般形式如下。

```
return_type function_name( parameter list )
{
    函数体
}
```

表 3.11   函数定义中各部分的解释

名 称	中文名	解 释
return_type	返回类型	一个函数可以返回一个值。return_type 是函数返回值的数据类型,如 int、float 等。有些函数执行所需的操作而不返回值,在这种情况下,return_type 是关键字 void
function_name	函数名称	函数的实际名称。函数名和参数列表一起构成了函数签名
parameter list	参数	参数就像是占位符,当函数被调用时,用户可以向参数传递一个值,这个值被称为实际参数。参数列表包括函数参数的类型、顺序、数量。参数是可选的,也就是说函数也可能不包含参数

下面给出一个函数的例子。

```
// 返回两个数中较大的那个数
int maxnumber( int num1, int num2)
{
    //局部变量声明
    int result;
    if (num1 > num2)
        result = num1;
    else
        result = num2;
    return result;
}
```

当调用这个函数时,就可以使用如下代码。

```
int num1 = 10;
int num2 = 20;
int max_one = maxnumber( num1, num2);
```

max_one 的值就是输入参数中的较大值 num2,即 20。

本章小结

本章通过一些实例介绍了 Arduino 编程的基础知识,包括常用的数据类型、运算符、循环语句、条件判断语句、数组与字符串、String 类型、函数等。后续的章节将应用这些编程技术,结合硬件资源实现形态各异的电子系统设计。

感兴趣的读者可以搜索资料,完成以下拓展练习,深入掌握 Arduino 编程的技巧。

拓展练习

(1) 请列举 Arduino 编程与 C 语言编程的相似和不同之处。

(2) 请列举 Arduino 编程与 C++语言编程的相似和不同之处。

(3) 请列举 Arduino 编程与 Python 语言编程的相似和不同之处。

(4) 请搜索资料,总结 Arduino 编程中指针的用法,并设计编程应用实例,用指针编程技术实现。

第 4 章

数字引脚资源应用设计

4.1　Nano 的数字引脚资源

　　Nano 的两侧有大量引脚,其中一部分提供了用数字信号与外界交互的功能。也就是说,这些引脚具有从外界输入数字信号或向外界输出数字信号的功能。如图 4.1 所示,外侧用方框标注的就是这些引脚,把这些引脚称为数字引脚。

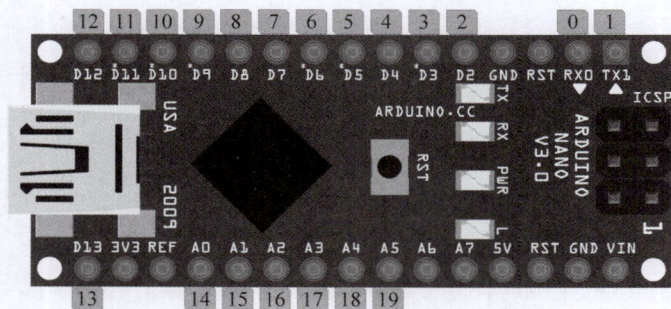

图 4.1　Nano 的数字引脚

　　具体来说,这些引脚必须被编程配置后,才能从外界硬件读取输入数字信号电平,并将其转换为 1 或 0 由软件程序读取感知;或将程序内部的 1 或 0 转换为高或低电平后,向外界硬件驱动输出数字信号。每个引脚都可以独立地被配置为输入或输出工作模式。

　　Nano 的每个数字引脚在程序设计中被分配了唯一的序号,这些序号从 0 开始直到 19。图 4.1 中引脚外侧方框内的数字就是该引脚的序号。表 4.1 总结了每个数字引脚在 Nano 上的印刷名称,以及在 Arduino IDE 程序中的序号。在编程时,对任一引脚的工作模式配置、读取、输出等操作都需要指定引脚序号。

表 4.1　Nano 数字引脚的印刷名称与程序分配序号的对应关系

印刷名	程序序号	PWM	印刷名	程序序号	PWM
RXD	0	无	D10	10	有
TXD	1	无	D11	11	有
D2	2	无	D12	12	无
D3	3	有	D13	13	无
D4	4	无	D14	14	无
D5	5	有	D15	15	无
D6	6	有	D16	16	无
D7	7	无	D17	17	无
D8	8	无	D18	18	无
D9	9	有	D19	19	无

Nano 数字引脚上的信号电平在被内部程序读取或输出转换时,遵循数字逻辑电路设计的一般准则。具体来说,外部输入电平值高于电源电压的一半时,被内部程序读取转换为 1,否则为 0。内部程序向某数字引脚写入 1 时,该引脚输出高电平(即电源引脚电压);写入 0 时,该引脚输出低电平数字信号(即 GND 引脚电压)。

另外,每个引脚可驱动输出或承受输入的最大电流值是 40mA,并具有 20~50kΩ 的内部上拉电阻。在默认情况下,这些上拉电阻是与引脚断开的,必须通过编程设置才能确保将上拉电阻连接到引脚上。

数字引脚中的大多数都可被复用支持其他功能,但是它们一旦被程序配置为输入或输出数字引脚后,就不再支持其他功能。例如,板上印刷名称为 RXD 和 TXD 的引脚,也可分别作为支持通用异步收发机(Universal Asynchronous Receive and Transmit, UART)串口通信协议的接收和发送引脚。但是,它们一旦被程序配置为输入或输出数字引脚后,就不能再作为支持 UART 串口通信协议的引脚。

最后,有些数字引脚(印刷名称中带 * 的)可以用 Arduino IDE 自带的库函数产生脉冲宽度调制(Pulse Width Modulation,PWM)波形。本节的后续部分将通过实战案例,详述怎样使用 Nano 的数字引脚资源与外界进行交互的应用设计技巧。

4.2　实战 4-1:用 pinMode()和 digitalWrite()函数点亮板载 LED

4.2.1　问题和目标

在各款 Arduino 核心板上,引脚 13 连接了一颗 LED,如图 4.2 所示。通过编程改变该 LED 的显示方式,可以直观地指示程序运行状态,帮助开发调试程序。

本实战要解决的问题是点亮板载 LED 从而指示 Nano 工作正常。

本实战的目标是帮助读者掌握如何设置引脚工作在输出状态,并且输出想要的电平。

图 4.2　板载 LED

4.2.2　解决方案

本实战的硬件搭建方案很简单,直接用 USB 电缆连接 PC 和 Nano 即可。

程序 4.1　点亮 Arduino 引脚 13 连接的板载 LED

```
//接通电源或重启 Arduino 时运行一次以下初始化配置代码
void setup() {
    pinMode(13, OUTPUT);        //配置引脚 13 工作在数字输出状态
    digitalWrite(13,HIGH);
}
//无穷循环运行的程序代码
void loop() {
}
```

程序 4.1 所示为点亮板载 LED 的代码,其中包含了代码的详细解释。程序设计需要分别编写 setup()和 loop()函数。在 setup()函数里,放置仅需运行一次的初始化代码。首先调用以下函数,把引脚 13 设置在输出数字信号状态。pinMode()函数的第 1 个输入参数代表引脚序号,第 2 个参数 OUTPUT 代表输出数字信号状态。

```
pinMode(13, OUTPUT);
```

然后,调用以下函数,使引脚 13 输出高电平。digitalWrite()函数的第 1 个输入参数代表引脚序号,第 2 个参数 HIGH 代表高电平。digitalWrite()函数的第 2 个参数也可以是 LOW,代表低电平。digitalWrite()、HIGH 或 LOW 都是 Arduino IDE 预保留的函数或常量。

```
digitalWrite(13,HIGH);
```

loop()函数里放置不断循环运行的代码,在这里空置,不包含任何程序语句。

读者可以用 Arduino IDE 建立工程文件,输入上述程序,编译并下载到开发板中测试程序。如果开发板工作正常,应能观察到板载 LED 被点亮的现象,如图 4.3 所示。

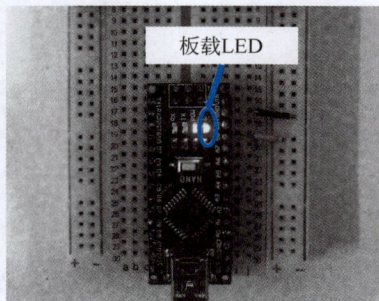

图 4.3　板载 LED 被点亮

4.2.3　扩展讨论

将 Nano 引脚配置为数字输出状态后,该引脚的初始输出状态可能对应用开发至关重要。不调用 digitalWrite()函数对引脚做任何初始化设置,使用万用表测量,发现数字输出引脚默认输出低电平。

另外,Arduino 预先保留的函数和常量定义都放置在安装目录下\hardware\arduino\avr\cores\arduino 子文件夹中的 Arduino. h 文件里。pinMode()和 digitalWrite()函数的源程序放置在 Arduino IDE 安装目录下\hardware\arduino\avr\cores\arduino 子文件夹的 wiring_digital. c 文件中。例如,程序 4.2 所示为 pinMode()函数的源程序。感兴趣的读者可以深入钻研。

程序 4.2　pinMode()函数

```
#define ARDUINO_MAIN
#include "wiring_private.h"
#include "pins_arduino.h"
void pinMode(uint8_t pin, uint8_t mode)
{
    uint8_t bit = digitalPinToBitMask(pin);
    uint8_t port = digitalPinToPort(pin);
    volatile uint8_t * reg, * out;
    if (port == NOT_A_PIN) return;
```

```
reg = portModeRegister(port);
out = portOutputRegister(port);
if (mode == INPUT) {
    uint8_t oldSREG = SREG;
    cli();
     *reg &= ~bit;
     *out &= ~bit;
    SREG = oldSREG;
} else if (mode == INPUT_PULLUP) {
    uint8_t oldSREG = SREG;
    cli();
     *reg &= ~bit;
     *out |= bit;
    SREG = oldSREG;
} else {
    uint8_t oldSREG = SREG;
    cli();
     *reg |= bit;
    SREG = oldSREG;
}
}
```

4.3 实战 4-2：用 digitalRead() 函数读取拨码开关输入后控制板载 LED

4.3.1 问题和目标

在电子系统设计中，拨码开关是经常使用的一种元件。拨码开关实质上是一种双引脚的开关元件，拨到 ON 时两引脚导通，而拨到 OFF 时两引脚断开，如图 4.4 所示。

在电子系统设计中，拨码开关高效地提供了一种对系统进行输入控制交互的功能。也就是说，要求系统能够高速可靠地读取用户设置的拨码开关的当前输入状态，进而控制设备的运行。

(a) 实物　　　(b) 电路原理图

图 4.4　拨码开关实物与电路原理图

例如，判断拨码开关被拨到 ON 时，微处理器开启设备运行；而当拨码开关被拨到 OFF 时，停止被控设备的运行。

本实战要解决的问题是设计拨码开关与 Nano 的连接电路，然后编程读取该拨码开

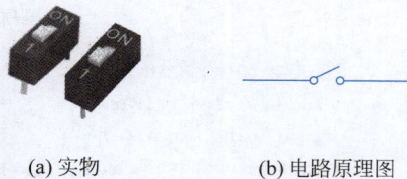

关的状态,如果状态是 ON 则点亮板载 LED,如果是 OFF 则熄灭 LED。

本实战的目标是帮助读者掌握用 Nano 搭建集成拨码开关电路的方法,以及设置数字引脚工作在输入状态,并且读取数字引脚电平的编程方法。

4.3.2 解决方案

在硬件电路设计方面,可以将拨码开关的一端连接到 Nano 的引脚 2,另一端连接到 GND。该连接方式方便简单,需要很少的连线资源。电路连接如图 4.5 所示。

图 4.5 连接拨码开关和 Nano

程序 4.3 读取拨码开关状态后点亮或熄灭 LED

```
int val;                        //定义记录拨码输入状态的全局变量
//接通电源或重启 Arduino 时运行一次下述初始化配置代码
void setup(){
    //配置引脚 2 为数字输入状态,并且连接到芯片内部上拉电阻
    pinMode(2, INPUT_PULLUP);
    //配置连接板载 LED 的引脚 13 为数字输出状态
    pinMode(13, OUTPUT);
}
//无穷循环运行的程序代码
void loop(){
    //读取引脚 2 的电平后存入整型变量 val
    val = digitalRead(2);
    //当 val 是高电平时,判断拨码处于 OFF 状态
    if (val == HIGH) {
        digitalWrite(13, LOW);          //熄灭板载 LED
    }
    //否则点亮 LED
    else {
```

```
        digitalWrite(13, HIGH);
    }
}
```

首先,在程序开始定义全局整型变量 val,用来记录拨码的输入电平状态。

在 setup()函数中,首先调用 pinMode(2,INPUT_PULLUP)函数,初始化配置 Nano 的引脚 2 工作在输入数字信号状态,并且激活引脚 2 的上拉电阻。执行该函数后,引脚 2 与内部上拉电阻和外部拨码开关的电路连接如图 4.6 所示。

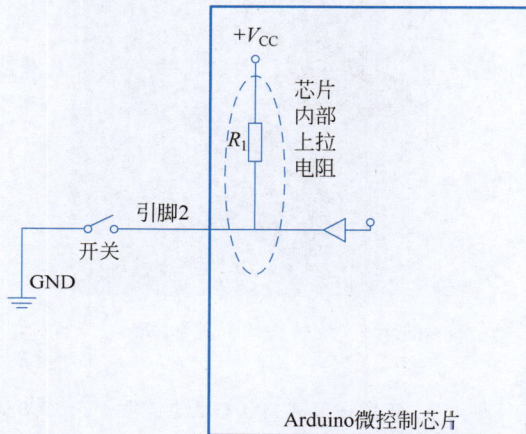

图 4.6 执行 **pinMode(2,INPUT_PULLUP)**函数后引脚 2 的电路原理图

在 loop()函数中,首先调用 digitalRead(2)函数读取引脚 2 的电平后赋给 val 变量。digitalRead()函数的输入参数代表引脚号,输出是引脚的电平。

如果 val=HIGH(高电平),如图 4.6 所示,说明拨码开关位于 OFF(关闭)状态,相应地调用 digitalWrite(13,LOW)函数熄灭板载 LED,否则,调用 digitalWrite(13,HIGH)函数点亮板载 LED。

由于 loop()函数是反复循环运行的,也就是说程序会持续不断地读取并检测引脚 2 的电平,因此能够相应地控制 LED 的显示状态。

读者可以用 Arduino IDE 建立工程,输入上述程序,编译并下载到开发板中测试硬件连接和程序设计。当硬件连接和程序工作正常时,应能观测到当拨码开关推到 ON 时点亮板载 LED,推到 OFF 时熄灭 LED,如图 4.7 所示。

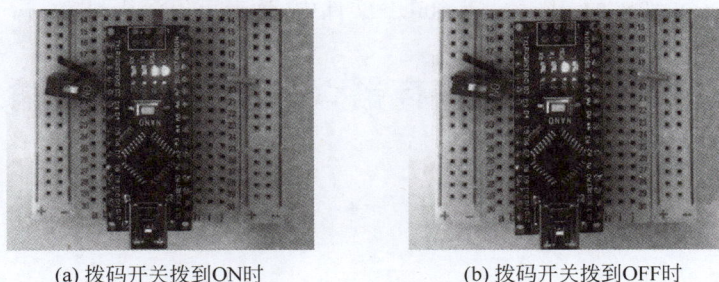

(a) 拨码开关拨到ON时　　　　　　　　　(b) 拨码开关拨到OFF时

图 4.7　拨码开关控制板载 LED

4.3.3　扩展讨论

使用 pinMode(2,INPUT_PULLUP)函数连接内部上拉电阻在本实战程序设计中是至关重要的。如果将其替换为 pinMode(2,INPUT),即仅将引脚 2 配置为数字输入状态,则不会将内部上拉电阻连接到引脚 2。此时,如果拨码开关拨到 ON,引脚 2 接地,输出为低电平。但是,如果拨码开关拨到 OFF,引脚 2 处于悬浮状态,输出电平取决于外部干扰或噪声,可能是高电平,也可能是低电平。因此,即使从引脚 2 读取到低电平,也不能因此确定拨码开关拨到了 ON。

在早期版本的 Arduino 中没有提供 INPUT_PULLUP 关键字,需要先把引脚设置为输入模式,然后用 digitalWrite()函数写入 HIGH 才能激活内部的上拉电阻。必须注意的是,在改变引脚模式时,引脚的状态会保持原来的 HIGH 或 LOW。具体而言,如果设置了输出引脚为 HIGH,然后切换到输入模式,上拉电阻会打开,引脚读取为 HIGH。反之,如果一个引脚是输出模式并且输出 LOW,把它切换到输入模式时会自动关闭上拉电阻。

最后,pinMode()函数一次仅能配置单个引脚的输入或输出状态,digitalRead()函数一次仅能读取单个引脚的电平。如果需要配置多个引脚的状态或读取多个引脚电平,就要求对每个引脚依次调用 pinMode()或 digitalRead()函数进行配置或读取,这会造成较低的编程效率。另外,读取不同引脚电平时会存在延时,导致不能同步读取。在后续章节中,将介绍能够高速并行地配置或读取多个引脚的方法。

感兴趣的读者如果希望深入研究 digitalRead()函数的应用细节,可以参考官网(https://www.arduino.cc/reference/en/language/functions/digital-io/digitalread/)。另外,digitalRead()函数的源代码放置在 Arduino IDE 安装目录 hardware\arduino\avr\

cores\arduino 子文件夹的 wiring_digital.c 文件中,读者可以深入研究。

4.4 实战 4-3：用引脚寄存器读取多拨码开关输入后控制板载 LED

4.4.1 问题和目标

在有些应用场景中,用户需使用多拨码开关与电子设备进行交互,并行地配置多个控制参量。如图 4.8 所示,多拨码开关实质上是将多个拨码开关并行集成在一起使用,各拨码开关之间相互独立。例如,在通信系统开发中,可以用多拨码开关输入要发送的二进制数据码。

图 4.8 多拨码开关

作为一个应用设计实例,本实战将解决的问题是设计多拨码开关与 Nano 的连接电路,然后编程,快速地读取多个拨码开关的状态。如果某个拨码开关状态是 ON,则点亮对应的 LED；如果是 OFF 则熄灭该 LED。

4.4.2 解决方案

3 拨码开关的一排引脚分别连接到 Nano 的引脚 2、3、4 上,另一排引脚连接到地线 GND。另外,使用 3 个 LED,其中一端分别连接到 Nano 的引脚 5、6、7 上,另一端连接到地线 GND。需要仔细检查,确保把 Nano、所有 LED、所有拨码的 GND 引脚都短路连接在一起,如图 4.9 所示。上述连接方式方便简单,需要较少的连线资源。

程序 4.4 读取多拨码开关状态后点亮或熄灭外界测试 LED

```
byte val;                    //定义记录并行拨码开关输入状态的全局变量
//接通电源或重启 Arduino 时运行一次以下初始化配置代码
void setup(){
```

图 4.9　实战 4-3 实物连接图

```
    DDRD = DDRD&B11100011;          //配置数字引脚 4、3、2 为输入引脚
    DDRD = DDRD|B11100000;          //配置数字引脚 7、6、5 为输出引脚
    PORTD = PORTD|B00011100;        //激活数字引脚 4、3、2 的内置上拉电阻

}
//无穷循环运行的程序代码
void loop(){
    val = PIND&B00011100;           //读取数字引脚 4、3、2 的状态
    val = val << 3;                 //val 值左移 3 位
    PORTD = ～val;                   //将数字引脚 4、3、2 的状态赋值给数字引脚 7、6、5
}
```

首先,在程序开头定义 byte 型变量 val,用来记录并行拨码的输入电平状态。byte 代表 8 位无符号整型变量。

在 setup()和 loop()函数中,通过读取或写入 DDRD、PIND、PORTD 寄存器实现了程序功能。表 4.2 总结了这些引脚寄存器的功能。程序中使用的引脚 2～引脚 7 对应 D 组引脚,可用 DDRD 寄存器配置它们工作在输入或输出状态,用 PIND 寄存器存储它们的输入电平,用 PORTD 寄存器控制它们的输出电平。

表 4.2　引脚寄存器

引　脚　组	寄存器名称	功　　能
D 组:从低到高位依次映射到数字引脚 0～7	DDRD	配置引脚工作在输入(对应位为 0 时)或输出(对应位为 1 时)状态
	PORTD	控制引脚的输出电平
	PIND	存储引脚的输入电平

续表

引　脚　组	寄存器名称	功　　能
B组：0～5位映射引脚8～13，第6、7位映射到晶振引脚，不可用	DDRB	配置引脚工作在输入（对应位为0时）或输出（对应位为1时）状态
	PORTB	控制引脚的输出电平
	PINB	存储引脚的输入电平
C组：0～5位映射到A0～A5引脚，引脚6和7只能在Arduino Mini上使用	DDRC	配置引脚工作在输入（对应位为0时）或输出（对应位为1时）状态
	PORTC	控制引脚的输出电平
	PINC	存储引脚的输入电平

在setup()函数中，首先执行DDRD＝DDRD&B11100011语句配置数字引脚4、3、2工作在数字信号输入状态。该语句是通过与二进制数B11100011作按位与运算（&）实现的。B11100011被称为掩码，它和DDRD作按位与运算后，会将DDRD寄存器的第4、3、2位设置为0，也就是将数字引脚4、3、2设置为输入模式，其他几位保持不变。

同理，执行DDRD＝DDRD|B11100000语句把数字引脚7、6、5设置为输出模式，其他几位保持不变。然后，执行PORTD＝PORTD|B00011100语句激活数字引脚4、3、2的内置上拉电阻。

loop()函数的功能是循环读取拨码开关的状态用于控制LED。首先，使用byte val＝PIND&B00011100语句把PIND寄存器中存储的引脚4、3、2的当前电平状态转存到val变量中。然后，使用以下命令把val左移3位，取反再传值给PORTD寄存器。注意，<<代表左移3操作，～代表按位取反操作。

```
val = val << 3;
PORTD = ~val;
```

如果val读取的引脚4的状态是高电平，代表相连的拨码开关处于OFF状态，相应地会使引脚7输出低电平，关闭对应的LED，因此实现了预定功能。

读者可以用Arduino IDE建立工程，输入上述程序，编译并下载到开发板中测试硬件和程序设计。当硬件连接和程序工作正常时，应能观测到当拨码开关推到ON时点亮板载LED，拨码开关推到OFF时熄灭LED，如图4.10所示。

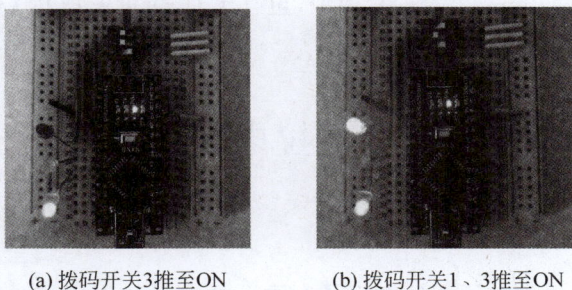

(a) 拨码开关3推至ON　　　(b) 拨码开关1、3推至ON

图 4.10　实验结果图

4.4.3　扩展讨论

在使用 DDRD 寄存器时,尽量避免修改最低两位的值,因为这两位对应的引脚 1 是串行口上的发送端(TX),引脚 0 是串行口上的接收端(RX)。使用端口直接访问容易导致意外故障,如

```
DDRD = B11111111;
```

会使引脚 0 作为输出引脚,这就意外地导致串行端口停止工作。因此,应该保持 DDRD 寄存器最后两位不变,只修改高 6 位的值。

使用寄存器对引脚进行控制,能够在几分之一微秒内迅速地打开和关闭多个引脚。如果查看 digitalRead()和 digitalWrite()函数的源代码,会发现它们都包含十几行代码。这些代码会被编译成相当多的机器指令,而每条指令需要一个 $1/(16\text{MHz})$ 的时钟周期来执行,这会导致相当长的延时。而使用寄存器直接访问端口可以在更少的时钟周期内完成相同的工作。

如果程序内存不足,可以使用读写寄存器的编程技巧使代码更小。通过端口寄存器同时编写一组硬件引脚所需的编译代码字节会比使用 for 循环分别设置每个引脚要少得多。

有时可能需要同时设置多个输出引脚。例如,如果先调用 digitalWrite(10,HIGH),再调用 digitalWrite(11,HIGH),将导致引脚 10 在引脚 11 之前几微秒就升高了,这可能会导致某些外部电路出现一些瞬态错误状态。

感兴趣的读者,可以参考官网资料(https://www.arduino.cc/en/Reference/PortManipulation),深入钻研引脚寄存器的使用方法。在 \hardware\tools\avr\avr\

include\avr 子文件夹的 iom328p.h 文件中，包含了对 DDRx、PORTx、PINx 的底层寄存器的定义，有兴趣的读者可深入钻研。

4.5　实战 4-4：验证引脚上拉电阻的抗干扰作用

4.5.1　问题和目标

前文提到在数字引脚激活上拉电阻具有重要的抗干扰作用，并且给出了具体的编程方法。

本实战将解决的问题是用实验验证上拉电阻的抗干扰作用。

本实战的目标是帮助读者直观地观察引脚上拉电阻具有重要的抗干扰作用。

4.5.2　解决方案

将 Nano 通过 USB 电缆连接到 PC 上，然后把 Nano 置于有干扰信号的地方。由于提供 50Hz 的 220V 交变电源，常见的电源插座附近就是一个很好的干扰实验环境，如图 4.11 所示。

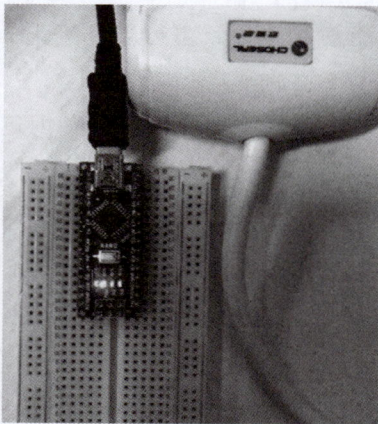

图 4.11　放置在电源插座附近的实验平台

首先，编写关闭上拉电阻的运行代码，如下所示。

程序 4.5　关闭引脚 2 的上拉电阻

```
void setup()
{
```

```
  Serial.begin(9600);                //设置串口波特率为9600
  pinMode(2, INPUT);                 //设置引脚2为输入模式
  digitalWrite(2,LOW);               //关闭内部上拉电阻
}
void loop()
{
  int val = digitalRead(2);
  Serial.print("The value of 2 = ");  //串口打印"The value of 2 = "
  Serial.println(val);                //发送 val 到 PC 串口监视器
}
```

读者可以用 Arduino IDE 建立工程,输入上述程序,编译并下载到 Nano 中。通过串口监视器应该能观察到引脚 2 会无规则地随机返回数值 0 或 1,如图 4.12 所示。

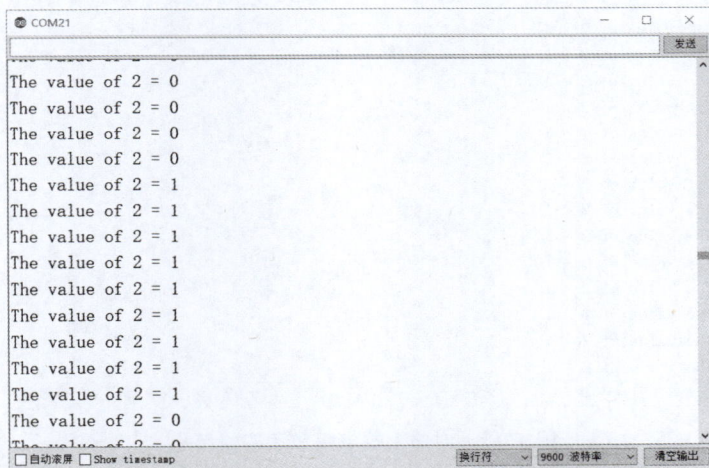

图 4.12　内部上拉电阻未激活时串口监视器显示结果

接下来,编写激活上拉电阻的运行代码,如下所示。

程序 4.6　激活引脚 2 的上拉电阻

```
void setup()
{
  Serial.begin(9600);                //设置串口波特率为9600
  pinMode(2, INPUT);                 //设置引脚2为输入模式
  digitalWrite(2,HIGH);              //激活内部上拉电阻
}
void loop()
```

```
{
  int val = digitalRead(2);
  Serial.print("The value of 2 = ");        //串口打印"The value of 2 = "
  Serial.println(val);                       //串口打印值
}
```

该程序与程序 4.5 的唯一不同在于使用 digitalWrite(2,HIGH) 激活了引脚 2 的内部上拉电阻。

读者可以用 Arduino IDE 建立工程,输入上述程序,编译并下载到开发板中。通过串口监视器应该能观察到引脚 2 会稳定返回数值 1,如图 4.13 所示。

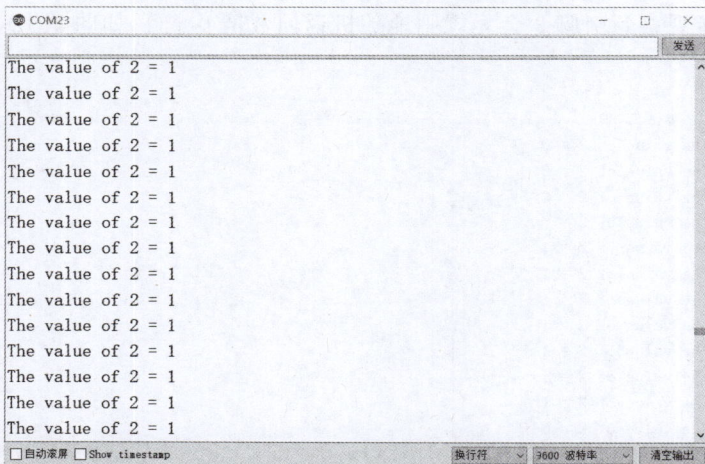

图 4.13　内部上拉电阻激活实验结果

4.5.3　扩展讨论

实验现象可解释如下。数字引脚在芯片内部具有如图 4.14(a)所示的结构。数字引脚通过程序输出的电平通过一个反相器连接到 CMOS 的基极,而数字引脚与外部交互的 I/O 口连接到 CMOS 的集电极。

当编程向引脚写入低电平(LOW)时,CMOS 的基极是高电平,使其导通,这时等效为一个电阻 R_{cmos},引脚等效电路如图 4.14(b)所示。可见,I/O 口向上通过内部上拉电阻连接 V_{CC},向下通过 CMOS 对应的等效电阻 R_{cmos} 接地。由于 R_{cmos} 比内部上拉电阻具有更小的阻值,所以在无外部干扰信号的条件下,I/O 口上的电压可视为低电平,这在测试实验中也能得到验证。但是,当外部存在强干扰时,如当引脚靠近电源插座时,I/O

引脚会感应到强烈的干扰信号,使得引脚电平被读取到程序内部时被识别为高电平后转换为1。

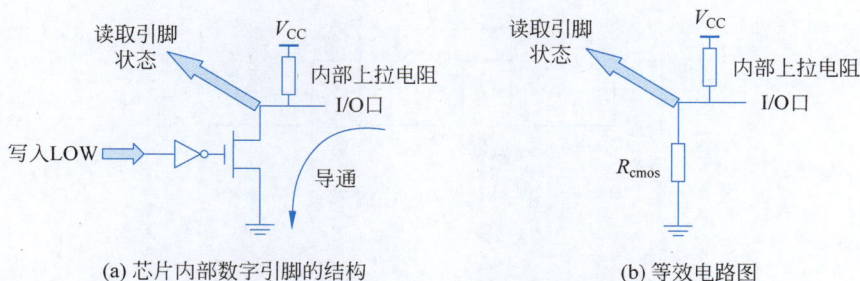

(a) 芯片内部数字引脚的结构

(b) 等效电路图

图 4.14 引脚在写入 LOW 后的等效电路

当编程向引脚写入高电平时,CMOS处于截止状态,这时引脚等效电路如图 4.15 所示。可见,I/O 口向上通过内部上拉电阻连接 V_{CC}。由于外界很难有引起 $-2.5V$ 的干扰信号,故引脚电平被读取到程序内部时都是被识别为高电平后转换为1。

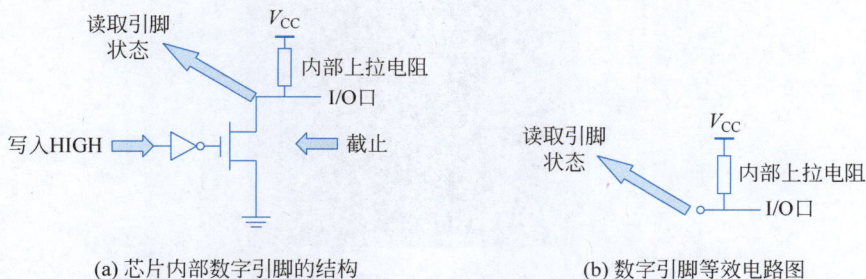

(a) 芯片内部数字引脚的结构

(b) 数字引脚等效电路图

图 4.15 引脚在写入 HIGH 后的等效电路

4.6 实战 4-5:用 analogWrite()函数产生 PWM 波形使 LED 亮度渐变

4.6.1 问题和目标

Arduino 核心板中有些数字引脚(印刷名称中带 * 的)可以用 Arduino IDE 自带的库函数产生 PWM 波形。图 4.16 所示为 PWM 波形,其本质上是一种频率为 $1/T$,占空比为 t/T 的周期方波。Arduino 大部分 PWM 引脚产生的是频率约为 490Hz 的脉冲波形(引脚 5、6 约为 980Hz),并且可以通过编程动态调整占空比。

本实战将解决的问题是产生 PWM 波形,用来驱动 LED 实现亮度渐变。

本实战的目标是帮助读者掌握产生 PWM 波形的编程方法。

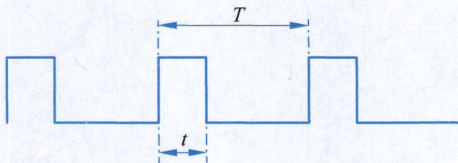

图 4.16   PWM 波形

4.6.2   解决方案

如图 4.17 所示,把一个 LED 的正极连接到 Nano 的数字引脚 9,负极连接到 Nano 的 GND。

图 4.17   实战 4-5 实物连接图

程序代码如下所示。

程序 4.7   产生驱动 LED 的 PWM 波形

```
const int led = 9;          // LED 引脚
int val = 0;                //存储 PWM 占空比的参数
void setup()
{
  pinMode(led, OUTPUT);     //设置输出模式
}
void loop()
{
  analogWrite(led, val);    //val 取值为 0~255
  val += 1;                 //val 值累加
```

```
    if(val > 255) val = 0;
}
```

首先,定义整型常量 led 记录 LED 引脚号,定义整型变量 val 记录 PWM 波形占空比。

然后,在 setup()函数中把引脚设置为输出模式。在 loop()函数中,循环调用 analogWrite(led,val)函数在引脚上产生占空比为 val/255 的 PWM 波形,并且设置 val 在 0～255 的范围内持续更新。

读者可以用 Arduino IDE 建立工程,输入上述程序,编译并下载到开发板中测试程序,应能观察到 LED 周而复始地由暗变亮的现象。

程序的设计思路是首先使用 setup()函数初始化配置 Nano 的引脚 9 工作在数字输出状态,然后在 loop()函数无穷循环执行部分使引脚 9 输出占空比可控的 PWM 波形信号,进而实现 LED 由暗变亮的效果。

4.6.3 扩展讨论

很多工程应用中需要产生 PWM 信号驱动设备,如 LED、电机。这是因为 PWM 信号本质上是数字方波信号,能够方便地用数字电路生成,并且能够在驱动设备时用改变占空比的方法灵活调整平均驱动强度,从而改变 LED 的亮度或电机的转速等。

感兴趣的读者可以参考官网链接(https://www.arduino.cc/reference/en/language/functions/analog-io/analogwrite/)深入研究 analogWrite()函数的使用方法。

本章小结

本节通过 5 个实战案例,讲述了使用 Arduino 数字引脚资源进行应用设计的技巧。为方便读者查阅,表 4.3 总结了本章使用的 Arduino IDE 高级库函数。

表 4.3 本章使用的 Arduino IDE 高级库函数

函 数 名	功 能	程序内输入	程序内输出
pinMode(pinID,OUTPUT)	使引脚工作在数字输出状态	pinID 为引脚序号	无
pinMode(pinID, INPUT _ PULLUP)	配置引脚 pinID 为数字输入状态,并且激活上拉电阻	pinID 为引脚序号	无
digitalWrite(pinID,level)	使引脚输出数字高或低电平	pinID 为引脚序号; level＝HIGH 或 LOW	无

续表

函 数 名	功 能	程序内输入	程序内输出
digitalRead(pinID)	读取引脚的电平状态	pinID 为引脚序号	HIGH 或 LOW
analogWrite(pinID,val)	输出 PWM 波形,占空比为 val/255 可选引脚 3、9、10、11(490Hz)或 5、6(980Hz)	pinID 为 PWM 波形的输出引脚序号; val 用于控制 PWM 波形的占空比,取值范围为 0～255	无

感兴趣的读者可以搜索网络资料,完成以下拓展练习,研究使用 Arduino 数字引脚资源进行应用设计的方法。

拓展练习

(1) 本章的一些实战案例根据拨码开关的输入控制板载 LED。搜索网络资料,研究并回答以下问题:

① 使用基于中断的编程思想,设计能实现相同功能的改进方案。

② 比较基于中断的方案和实战给出的方案,分析两种方案在实时性、功耗等方面的不同点。

(2) 打开 Arduino IDE 安装目录下\hardware\arduinc\avr\cores\arduino 子文件夹中的 Arduino.h 文件,可以发现该文件的头尾包含以下条件编译命令。

```
#ifndef Arduino_h
#define Arduino_h
…
#endif
```

请搜索网络资料,研究并说明以上条件编译命令的作用。

(3) 设计多种实验方案,测试产生的 PWM 方波的波形和参数。

(4) 参考本章提供的实战案例,研究一款使用数字引脚资源的电子设计应用,总结需要使用的元件表,搭建电路样机,编程实现并且测试样机功能。

第 5 章

计时资源应用设计

5.1　Nano 的延时控制与时间测量

时间是表征信号的重要参量。电子系统设计依赖的关键技术之一,是精准的延时控制和时间测量。Arduino IDE 集成了丰富的库函数,能够调用开发板中的硬件资源实现不同需求的延时控制和时间测量功能。

本章将用一些实战案例详细讲述使用 Nano 的延时控制和时间测量功能进行应用设计的技巧。

5.2　实战 5-1:用 delay() 函数产生阻塞指定长度延时

5.2.1　问题和目标

在电子系统的测试和开发中,经常需要产生指定长度的延时。例如,可以用指定长度延时产生周期方波信号驱动设备运行。周期方波信号可以用频率和占空比,或重复周期和高电平时间来描述。图 5.1 所示为周期方波信号的波形,其中 T 代表重复周期,Δ 代表高电平持续时间。相应地,方波信号的频率可以计算为 $F=1/T$,占空比可以计算为 Δ/T。

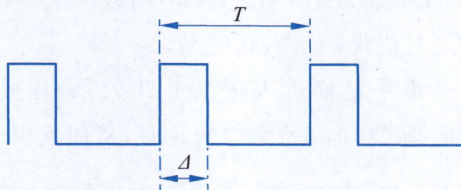

图 5.1　周期方波信号的波形

本实战要解决的问题是在 Arduino 的某个引脚上产生指定频率和占空比的周期方波信号。

本实战的目标是帮助读者掌握用 Arduino IDE 编程产生指定长度的阻塞延时的方法。

5.2.2　解决方案

为快速方便地搭建实验平台,采用引脚 13 连接的板载 LED 直观地显示方波的参数特征。

程序 5.1　点亮 Nano 板引脚 13 连接的板载 LED

```
int cycle = 1000;                //周期为1000ms
float duty_cycle = 0.4;          //高电平所占比例
//接通电源或重启 Arduino 时运行一次以下初始化配置代码
void setup() {
  pinMode(13 , OUTPUT);          //LED 引脚设置为输出模式
  digitalWrite(13 , LOW);        //LED 亮
}
//无穷循环运行的程序代码
void loop() {
  digitalWrite(13 , HIGH);       //LED 亮
  delay(cycle * duty_cycle);     //LED 亮持续时间,以毫秒为单位
  digitalWrite(13 , LOW);        //LED 灭
  delay(cycle * (1 - duty_cycle)); //LED 灭持续时间,以毫秒为单位
}
```

首先,在程序头部定义两个整型常量,cycle 表示方波周期,duty_cycle 表示方波高电平所占比例。

然后,在 setup()函数中初始化配置引脚 13 工作在数字输出状态,并且使它初始化输出低电平。

接着,在 loop()函数中实现周期方波的输出控制。首先使引脚 13 输出高电平从而点亮板载 LED,然后调用 delay(cycle * duty_cycle)函数产生 cycle * duty_cycle 毫秒的延时,从而使引脚 13 在这段延时内保持输出高电平。

随后,使引脚 13 输出低电平从而熄灭板载 LED,再调用 delay(cycle * (1−duty_cycle))函数产生 cycle * (1−duty_cycle)毫秒的延时,从而使引脚 13 在这段延时内保持输出低电平。

可见 loop()函数中包含的代码可以使引脚 13 产生一个周期波形。由于 loop()函数

是重复循环执行的,因此保证了能够按要求输出周期方波。

读者可以用 Arduino IDE 建立工程,输入上述程序,编译并下载到开发板中测试程序,应能观察到板载 LED 周期亮灭的现象。

5.2.3 扩展讨论

程序代码中使用 delay(msTime)函数实现延时等待 msTime 时间,其中参数 msTime 是以毫秒为单位的。Arduino IDE 也提供了另一种延时函数——delayMicroseconds(usTime),其中输入参数是以微秒作为单位的。

delay()或 delayMicroseconds()函数都会造成阻塞式延时。也就是说,在延时过程中,Nano 一直保持空闲等待,直到延时满足指定时长后,才能执行后续命令。

感兴趣的读者可以参考官网资料(https://www.arduino.cc/reference/en/language/functions/time/delay/和 https://www.arduino.cc/reference/en/language/functions/time/delayMicroseconds/),深入研究 delay()和 delayMicroseconds()函数的使用方法。

5.3 实战 5-2:用 while 循环产生阻塞条件判断延时

5.3.1 问题和目标

在电子系统的测试和开发中,经常需要按照条件判断产生延时。如果满足设定条件,则可以执行后续指令,否则持续等待直到条件被满足。

本实战将解决的问题是用 while 循环产生阻塞条件判断延时,使得拨码开关拨到 ON 时,点亮板载 LED,否则熄灭 LED。

本实战的目标是帮助读者掌握用 while 循环产生阻塞性条件判断延时的方法。

5.3.2 解决方案

在电路连接设计方面,可以将拨码开关的一端连接到 Nano 的引脚 2 上,另一端连接到地线 GND,如图 5.2 所示。可见,该连接方式方便简单,需要很少的连线资源。

程序 5.2 拨码开关控制板载 LED 闪烁周期

```
//接通电源或重启 Arduino 时运行一次以下初始化配置代码
void setup()
{
  pinMode(2,INPUT_PULLUP);          //打开内部上拉电阻
```

图 5.2　实战 5-2 电路连接图

```
    pinMode(13,OUTPUT);              //设置引脚 13 为输出模式,驱动 LED
    digitalWrite(13,LOW);           //初始化引脚 13 输出低电平
}

//无穷循环运行的程序代码
void loop()
{
  while(digitalRead(2) == HIGH);   //如果读到拨码是 HIGH,阻塞延时等待
                                   //一旦读到拨码是 LOW,说明拨到 ON
                                   //执行以下语句,点亮 LED

    digitalWrite(13,HIGH);
  while(digitalRead(2) == LOW);    //如果读到拨码是 LOW,阻塞延时等待
                                   //一旦读到拨码是 HIGH,说明拨到 OFF
                                   //执行以下语句,熄灭 LED

    digitalWrite(13,LOW);
}
```

在 setup()函数部分,设置引脚 2 为输入模式并且激活上拉电阻,设置引脚 13 为输出模式并且初始化输出低电平,熄灭 LED。

在 loop()函数部分,在 while 循环中持续读取引脚 2 的电平。如果该电平是 HIGH,说明拨码开关置于 OFF,这时继续读取引脚 2 电平,保持 LED 熄灭的状态;直到读取到 LOW,才能跳出 while 循环语句。这时可以确定拨码开关已经拨到 ON,因此执行 digitalWrite(13,HIGH)语句点亮 LED。

点亮 LED 后,while 循环持续读取引脚 2 的电平。如果该电平是 LOW,说明拨码开关置于 ON,这时继续读取引脚 2 电平,保持 LED 点亮的状态;直到读取到 HIGH,才能跳出

while 循环语句。这时可以确定拨码开关已经拨到 OFF,因此执行 digitalWrite(13,LOW)语句熄灭 LED。然后程序流程返回到 loop()函数的第一句开始循环执行。

5.3.3 扩展讨论

程序代码中使用 while(condition)实现阻塞延时。也就是说,如果 condition 语句成立,那么循环执行 while 语句。否则,一旦 condition 语句不成立,while 语句执行结束,开始执行后续的语句。

与 delay()或 delayMicroseconds()函数相比,使用上述语句可以实现根据条件判断的阻塞等待,而且阻塞时间不是固定的,完全由 condition 的具体情况决定延时时间。

5.4 实战 5-3:用 millis()或 micros()函数实现计时功能

5.4.1 问题和目标

上述实战都使用了阻塞性延时,可能会降低程序执行效率。如果能够在延时过程中并行地执行其他操作,可以提高程序效率。

Arduino IDE 提供了计时功能函数,可以实现在延时过程中并行执行其他操作。

本实战将要解决的问题是利用计时功能实现在延时过程中并行检测拨码开关输入,从而实时控制输出方波的频率。

本实战的目标是帮助读者掌握使用计时功能实现无阻塞延时,并在延时过程中执行并行操作的方法。

5.4.2 解决方案

在电路连接设计方面,可以将拨码开关的一端连接到 Nano 的引脚 2 上,另一端连接到地线 GND,如图 5.2 所示。可见,该连接方式方便简单,需要很少的连线资源。

程序 5.3 拨码开关控制板载 LED 闪烁周期

```
unsigned long rise_time;        //记录方波的上升沿时刻
unsigned long cur_time;         //记录程序当前运行时刻

float duration;                 //记录方波的周期

//接通电源或重启 Arduino 时运行一次以下初始化配置代码
```

```
void setup()
{
  pinMode(2,INPUT_PULLUP);          //激活内部上拉电阻
  pinMode(13,OUTPUT);               //设置引脚13为输出模式,驱动 LED
  digitalWrite(13,LOW);             //初始化引脚13输出低电平
  digitalWrite(13,HIGH);            //引脚13输出高电平
  rise_time = millis();             //记录第一个上升沿的时刻
}

//无穷循环运行的程序代码
void loop()
{
  duration = (digitalRead(2) == HIGH)? 1000:2000;
  cur_time = millis();
  if(cur_time - rise_time >= 0.5 * duration)
      digitalWrite(13,LOW);
  if(cur_time - rise_time >= duration){
      digitalWrite(13,HIGH);
      rise_time = cur_time;
  }
}
```

在程序开头,定义全局变量 rise_time 和 cur_time 记录方波上升沿的产生时刻和当前程序运行时刻。注意,unsigned long 表示无符号4字节长整型变量。定义全局变量 duration 记录方波的周期。

在 setup() 函数中,将引脚2设置为输入模式,并且激活上拉电阻,从而可以从引脚2读取拨码开关的输入电平。然后把引脚13设置为输出模式,从而能够驱动板载 LED,并且使其先输出低电平再输出高电平,产生第一个上升沿。调用 millis() 函数记录这第一个上升沿的出现时刻。注意,millis() 函数的返回时间以毫秒为单位。

在 loop() 函数部分,首先执行 duration=(digitalRead(2)==HIGH)? 1000:2000 语句读取引脚2的电平并且判断,如果是 HIGH,说明拨码开关拨到 OFF,设置周期为 1000ms,否则说明拨码开关拨到 ON,设置周期为 2000ms。

然后,调用 millis() 函数记录当前程序运行的时刻。

接着,执行以下语句判断 cur_time 与 rise_time 之间的时差,如果超出 duration 的一半,说明脉冲高电平时间已经足够,因此调用 digitalWrite(13,LOW) 输出低电平部分;如果超出 duration,说明脉冲的一个周期已经结束,调用 digitalWrite(13,LOW) 输出高电平部分,同时把当前时刻 cur_time 保存到上升沿时刻 rise_time 中。如果上面两个条

件都不成立,则程序流程回归到 loop()函数的顶部,继续读取当前时刻后保存在 cur_
time 中。

```
if(cur_time - rise_time >= 0.5 * duration)
    digitalWrite(13,LOW);
if(cur_time - rise_time >= duration){
    digitalWrite(13,HIGH);
    rise_time = cur_time;
}
```

读者可以用 Arduino IDE 建立工程,输入上述程序,编译并下载到开发板中测试程
序。应能观察到当拨码开关拨到 ON 时 LED 闪烁频率较慢;当拨码开关拨到 OFF 时,
LED 闪烁频率较快。

5.4.3　扩展讨论

程序代码中使用的 millis()函数输出程序执行的当前时刻,返回值以毫秒为单位。
micros()函数的使用方法类似,区别在于返回值以微秒为单位。

感兴趣的读者可以参考官网资料(https://www.arduino.cc/reference/en/language/
functions/time/millis/和 https://www.arduino.cc/reference/en/language/functions/
time/micros/)深入研究 millis()或 micros()函数的使用方法。

5.5　实战 5-4:用 pulseIn()函数测量脉冲宽度

5.5.1　问题和目标

在电子系统的测试和开发设计中,经常需要测量一个脉冲信号的高电平与低电平的
持续时间。这是因为,脉冲的高低电平持续时间经常用来携载有用信息。例如,超声传
感器的输出脉冲的高电平时间,就携带了超声传感器和反射体之间的距离信息。

本实战将要解决一个具体的脉宽测量实例问题:怎样用 Nano 测量自己产生的
PWM 波形的高/低电平的脉冲宽度?

本实战的目标是帮助读者掌握使用 Nano 测量脉冲高电平或低电平持续时间的技巧。

5.5.2　解决方案

在电路设计方面,需要把 Nano 的引脚 2 和引脚 3 用导线连接,如图 5.3 所示。

图 5.3 实战 5-4 实物连接图

程序 5.4 测量脉冲高/低电平持续时间

```
//接通电源或重启 Arduino 时运行一次以下初始化配置代码
unsigned long duration;
void setup()
{
  pinMode(2,INPUT_PULLUP);
  Serial.begin(9600);                    //设置串口波特率为 9600
  analogWrite(3,120);                    //输出 PWM 信号
}
//无穷循环运行的程序代码
void loop()
{
  duration = pulseIn(2, HIGH);           //获取高电平持续时间
  Serial.print("High Pulse Width = ");   //串口打印"High Pulse Width ="
  Serial.print(duration);                //串口打印高电平持续时间
  Serial.println("μs");                  //串口打印时间单位并换行
  duration = pulseIn(2, LOW);            //获取低电平持续时间
  Serial.print("Low Pulse Width = ");    //串口打印"Low Pulse Width ="
  Serial.print(duration);                //串口打印低电平持续时间
  Serial.println("μs");                  //串口打印时间单位并换行
}
```

首先定义无符号长整型变量 duration，用来存储 pulseIn()函数的返回时间。

在 setup()函数部分，将引脚 2 设置为输入模式，并且激活上拉电阻。然后，初始化配置串口波特率为 9600，再配置引脚 3 输出 PWM 波形。

在 loop()函数无穷循环执行部分，使用 duration＝pulseIn(2,HIGH)语句读取引脚 2 上的脉冲高电平持续时间。pulseIn()函数会等待引脚从低电平变为高电平，启动计时，等

待引脚再次变为低电平后停止计时,最后返回脉冲的长度(以微秒为单位)。如果超过 1s 仍未收到完整脉冲,则返回 0。

读者可以用 Arduino IDE 建立工程,输入上述程序,编译并下载到开发板中测试程序,应能观察到输出 PWM 信号的高低电平持续时间,如图 5.4 所示。

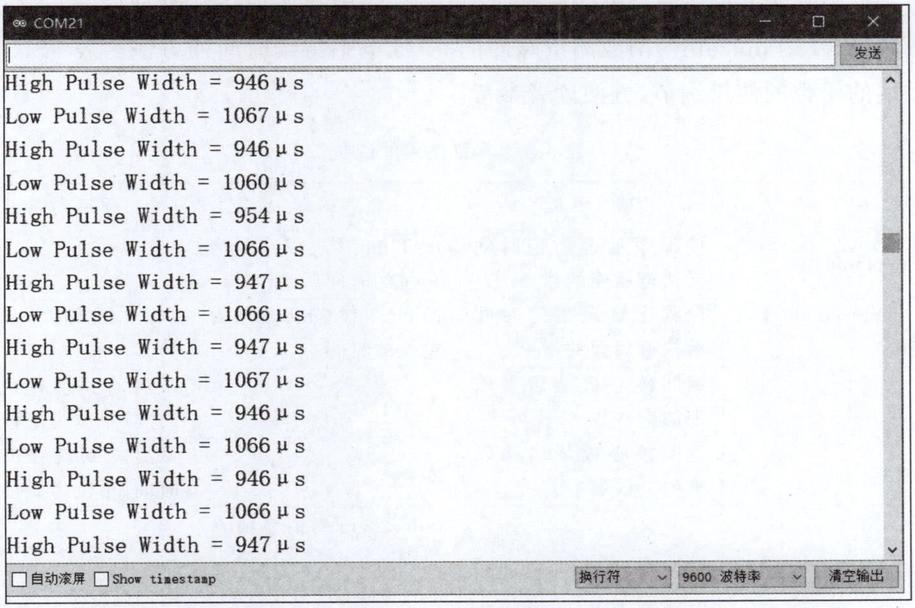

图 5.4 输出 PWM 信号的高低电平持续时间

5.5.3 扩展讨论

使用 pulseIn( )函数可以方便地测量脉冲信号的高低电平的持续时间。该功能适用于测量维持时间长度为 $10\mu s \sim 3 min$ 的脉冲电平。如果持续时间过长,可能结果不会太精确。

pulseIn( )函数会等待一个脉冲的指定电平的开始,默认等待 1s。如果在 1s 内没有脉冲到来就会超时返回 0。也可以自己设定等待时间,以微秒数作为等待时间写在第 3 个参数位置,如 pulseIn(pin,HIGH,5000)表示脉冲开始等待 5ms。

感兴趣的读者可以参考官网资料(https://www.arduino.cc/reference/en/language/functions/advanced-io/pulseIn/)深入研究 pulseIn( )函数的使用方法。

本章小结

　　本章通过实战案例介绍了 delay() 和 delayMicroseconds() 函数的用法,用 while 循环进行条件阻塞延时的方法,用 millis() 或 micros() 函数实现在延时过程中并行执行操作的方法,以及用 pulseIn() 函数测量脉冲的高/低电平持续时间的方法。表 5.1 总结了本章讲述的函数的使用细节,方便读者参考。

表 5.1　本章使用的函数

函 数 名	功 能	程序内输入	程序内输出
delay(msTime)	使程序延迟指定时间后执行后面的指令	msTime 代表以毫秒为单位的时间	无
delayMicroseconds (usTime)	使程序延迟指定时间后执行后面的指令	usTime 代表以微秒为单位的时间	无
millis()	返回核心板从启动以来的毫秒数	无	从启动到现在的运行时间(单位为毫秒)
micros()	返回核心板从启动以来的微秒数	无	从启动到现在的运行时间(单位为微秒)
pulseIn（pin，level，timeout）	返回 pin 引脚测量到的电平等于 level 的脉冲宽度	pin 表示待测信号输入引脚; level＝HIGH 或 LOW; timeout 表示等待超声时间(单位为微秒),默认值为 1s	返回高电平或低电平的持续时间(单位为微秒)

　　读者可以参考网络资料,完成以下拓展练习,深入研究 Arduino 的延时和计时功能。

拓展练习

　　(1) 回答关于 delay() 和 delayMicroseconds() 函数的以下问题:

　　① 分析 delay() 和 delayMicroseconds() 函数的具体实现源代码;

　　② 输入延时参数很小时,设计实验,研究延时的精度性能;

　　③ 怎样才能实现高精度的短延时?

　　(2) 研究 millis() 和 micros() 函数的具体实现源代码。

　　(3) 回答关于 pulseIn() 函数的以下问题:

① 分析 pulseIn()函数的具体实现源代码。

② 是否可以用 pulseIn()函数测量一个输出引脚的脉冲宽度? 设计一个测试验证实验。

③ 用 pulseIn(pin,HIGH)测量一个 pin 引脚的高电平持续时间时,如果 pin 引脚上已经是高电平,返回结果是什么?

(4) 设计一种基于计时和延时功能的应用实例,实现并测试性能。

## 第 6 章

模拟信号测量应用设计

6.1　Nano 自带的模拟信号采集资源

　　Nano 能够从外部设备直接测量输入的模拟信号,这是通过印刷名称为 A0～A7 的 8 个引脚实现的,它们能支持 10 位精度的模数转换功能。在程序内部调用 analogRead( ) 函数就能将外部设备在这些引脚上输入的模拟信号转换为程序内部的 10 位二进制数字。

　　印刷名称为 REF 的引脚上可以输入模数转换的参考电压,该引脚通常与 analogReference( )函数一起使用。另外,该引脚也可保持悬空状态,此时模数转换采用电源电压作为参考电压。

　　需要注意的是,A6 和 A7 引脚只能作为模数转换引脚使用,而 A0～A5 引脚可被复用为数字引脚,对应的程序分配序号如图 6.1 所示。如果使用 pinMode( )函数将这些引脚配置为数字信号输入或输出引脚,那么这些引脚不能再作为模数转换引脚使用。A0～A7 符号在 Arduino IDE 中是保留关键字,可以直接在程序中调用。

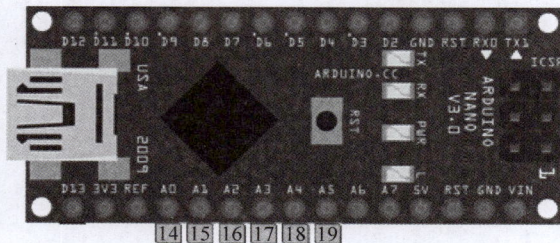

图 6.1　Nano 上的模数转换引脚

本章将通过一些实战案例详细介绍怎样使用模拟信号采集功能进行应用设计。

6.2 实战 6-1：用 analogRead( )函数测量模拟电压

6.2.1 问题和目标

许多电子系统设计需要测量外部模拟电压。针对上述设计需求，本实战将要解决的问题是使用 Arduino 的模拟采集功能读取外部模拟电压值。

本实战的目标是帮助读者掌握使用 Arduino 编程读取外部模拟电压值的方法。

6.2.2 解决方案

将 A3 引脚通过导线连接到板上自带的 3.3V 输出引脚，如图 6.2 所示。

图 6.2　实战 6-1 实物连接图

然后，使用万用表测量 5V 电源电压引脚和 3.3V 电压引脚的实际输出值，如图 6.3 所示。

可见，板上 5V 和 3.3V 引脚的实际输出电压分别为 4.78V 和 3.67V，与标称值有较大偏差。

接下来，使用 analogRead( )函数实现模拟电压的读取与串口显示功能。详细的程序代码如下。

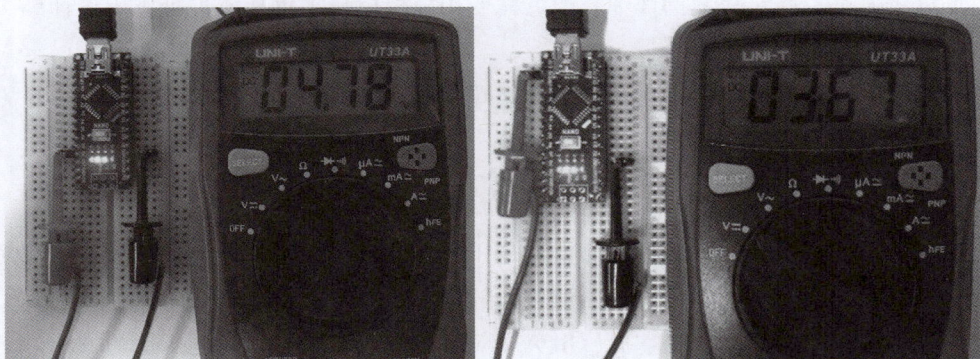

图 6.3   板载输出电压

程序 6.1   测量 3.3V 引脚模拟电压值

```
//接通电源或重启 Arduino 时运行一次以下初始化配置代码
void setup()
{
  Serial.begin(9600);              // 配置串口
}
//无穷循环运行的程序代码
void loop()
{
  int n = analogRead(A3);          //读取 A3 引脚电压值
  float val = n * (4.78/1023.0);   //实际测量参考电压为 4.78V
  Serial.print(val);               // 打印到串口
  Serial.println("V");
}
```

首先,使用 setup()函数初始化配置串口波特率为 960Cb/s。在 loop()函数无穷循环执行部分,调用 analogRead(analogPin)函数读取 A3 模拟引脚的输入电压值,然后使用 float val=n * (4.78/1023.0)转换为数字电压值,最后使用串口打印显示。注意,Nano 内部的模数转换电路自动把 0 到电源电压(这里是 4.78V)的模拟电压值线性地映射到 0~1023 的数字值。上述运算利用以上线性运算规则,用数字值计算模拟电压值。读者可以用 Arduino IDE 建立工程,输入上述程序,编译并下载到开发板中测试程序。通过串口监视器应该能观察到输出待测模拟电压,如图 6.4 所示,测量结果和万用表的结果一致。

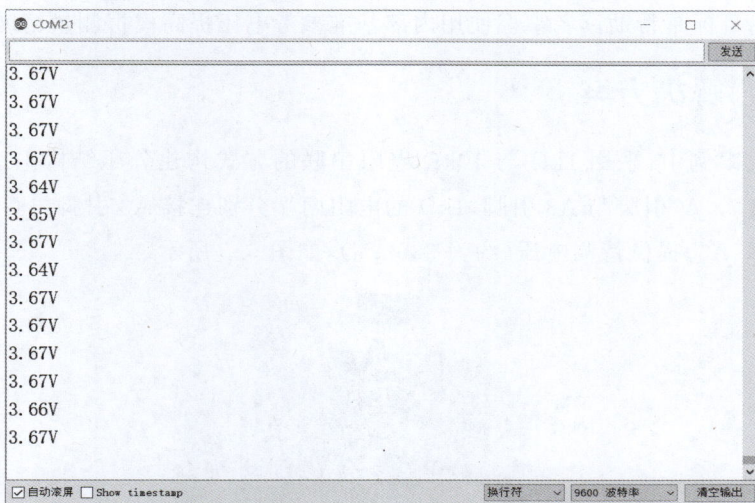

图 6.4　测量输出的模拟电压值

6.2.3　扩展讨论

必须注意,在使用 analogRead()函数读取模拟电压时,首先需要通过实测确定参考电源的电压值,而且该参考电压值要尽量保持稳定。如本实战所示,标称 5V 与 3.3V 的板载输出电压的实际输出值是 4.78V 与 3.67V。如果直接使用 5V 作为参考电压代入程序计算,会得到较大的测量误差。

在确保参考电压准确、稳定后,还要尽量选择合适的参考电压,提高测量精度。如果参考电压是 5V,那么会将 0～5V 映射为 0～1023,测量的精度为 5V/1023,约 4.89mV。如果电压输入值很小,使用较小的稳定参考电压,能够提高测量精度。

感兴趣的读者可以参考官网资料(https://www.arduino.cc/reference/en/language/functions/analog-io/analogRead),深入研究 analogRead()函数的使用方法。

6.3　实战 6-2:使用 analogReference()函数提高模拟测量精度

6.3.1　问题和目标

本实战将要解决的问题是使用 Nano 自带的内部 1.1V 基准源作为参考电压提高模拟电压的测量精度。

本实战的目标是帮助读者掌握使用内部基准参考电压提高模拟测量精度的方法。

6.3.2 解决方案

在本实战案例中,采用 1kΩ 与 10kΩ 电阻串联的方式构建分压结构。10kΩ 的电阻两端分别连接 3.3V 引脚与 A3 引脚,1kΩ 的电阻两端分别连接 A3 引脚与 GND 引脚,为模拟输入引脚(A3)提供待测电压(约为 330mV),如图 6.5 所示。

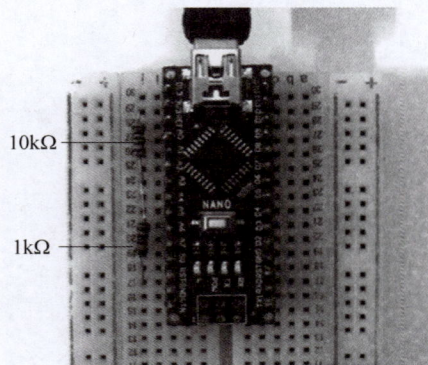

图 6.5 实战 6-2 实物连接图

程序代码如下。

程序 6.2 使用 analogReference() 函数提高测量精度

```
//接通电源或重启 Arduino 时运行一次以下初始化配置代码
void setup()
{
  Serial.begin(9600);                    //配置串口
  analogReference(INTERNAL);             //调用板载 1.1V 基准源
}
//无穷循环运行的程序代码
void loop()
{
  int n = analogRead(A3);                //读取 A3 引脚电压值
  float val = n * (1.1/1023.0 * 1000);   //实际参考电压
  Serial.print(val);                     //打印到串口
  Serial.println("mV");
}
```

首先,在 setup()函数中设置串口波特率,并且调用 analogReference(INTERNAL) 函数激活内部 1.1V 基准参考电压。然后,执行以下语句读取 A3 引脚输出的数字电压

值,并且转换为模拟值 val,最后用串口打印输出

```
int n = analogRead(A3);
float val = n * (1.1/1023.0) * 1000;
```

读者可以用 Arduino IDE 建立工程,输入上述程序,编译并下载到开发板中测试程序。通过串口监视器应该能观察到待测模拟电压,如图 6.6 所示。可见,Arduino 的测量结果和万用表的结果一致。

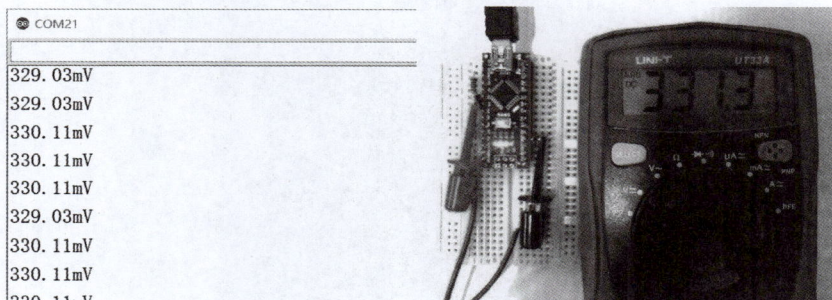

图 6.6 Arduino 输出的模拟电压值和万用表测量值

6.3.3 扩展讨论

使用内部基准源适用于被测电压为 0～1.1V,能提高模拟电压的测量精度,测量的精度为 1.1V/1024,约 1.07mV,比使用默认的 5V 基准源(约 4.89mV)精度提高。

感兴趣的读者可以参考官网资料(https://www.arduino.cc/reference/en/language/functions/analog-io/analogReference/),深入研究 analogReference()函数的使用方法。

6.4 实战 6-3:使用外部基准源提高模拟测量精度

6.4.1 问题和目标

在 6.3 节中使用内部基准源(1.1V),可以较准确地测量一个 1.1V 以内的模拟电压,但是测量范围固定不够灵活。

针对上述缺陷,本实战将要解决的问题是使用外部基准源灵活测量模拟电压。

本实战的目标是帮助读者掌握使用外部基准源灵活地选择参考电压,提高模拟测量精度的技巧。

6.4.2　解决方案

如图 6.7 所示，用一根导线连接 REF 引脚与 3.3V 引脚（实际测量电压为 3.67V），配置外部基准源。另外，采用两个 1kΩ 电阻串联的方式构建分压结构（一个 1kΩ 的电阻两端分别连接 5V 引脚与 A3 引脚，另一个 1KΩ 的电阻两端分别连接 A3 引脚与 GND 引脚），为模拟输入引脚（A3）提供待测电压。

图 6.7　实战 6-3 实物连接图

接下来，编写以下代码。

程序 6.3　测量模拟电压值

```
//接通电源或重启 Arduino 时运行一次以下初始化配置代码
void setup()
{
  Serial.begin(9600);                //配置串口
  analogReference(EXTERNAL);         //调用外部基准源
}
//无穷循环运行的程序代码
void loop()
{
  int n = analogRead(A3);            //读取 A3 引脚电压值
  float val = n * (3.67/1023.0);     //实际参考电压
  Serial.print(val);                 //打印到串口
  Serial.println("V");
}
```

上述程序与程序 6.2 的区别在于调用 analogReference(EXTERNAL)函数指定参考

基准电压来自 REF 引脚的输入电压。

读者可以用 Arduino IDE 建立工程,输入上述程序,编译并下载到开发板中测试程序。通过串口监视器应该能观察到待测模拟电压,如图 6.8 所示,测量值和万用表显示基本一致。

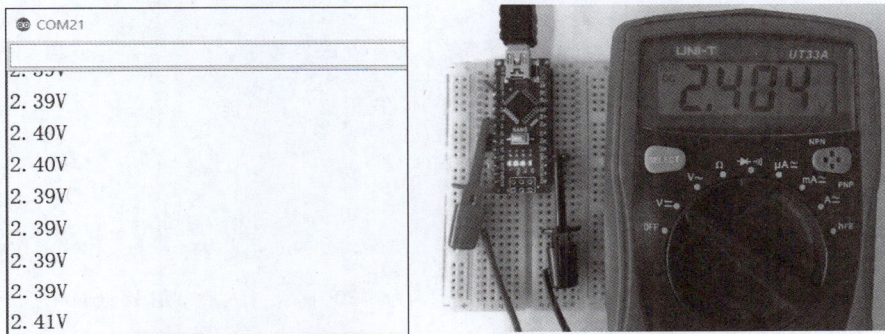

图 6.8 Arduino 测量值和万用表值对比

6.4.3 扩展讨论

使用外部基准源,最大的优点就是测量范围灵活可控。相比于使用默认电源电压或内部基准源作为参考电压,使用外部基准源可以根据待测的模拟电压范围,选择合适的参考电压,从而确保测量的精度。

6.5 实战 6-4:测量 analogRead() 函数的采样频率

6.5.1 问题和目标

在使用 analogRead() 函数采集外部模拟信号时,经常需要掌握函数的采样频率。针对上述需求,本实战将要解决的问题是测量 analogRead() 函数的采样频率。

实战的目标是帮助读者掌握测量 Arduino 程序指令的运行时间的方法。

6.5.2 解决方案

直接用电缆连接 Nano 和 PC 即可完成实验平台的搭建。在 Arduino IDE 中编写以下程序。

程序 6.4　测量 analogRead() 函数的采样频率

```
void setup() {
  Serial.begin(9600);
}
void loop() {
  unsigned long start,total;          //定义相关变量
  start = micros();
  for(int i = 1; i <= 100; i++)       //持续执行 100 次采集
  {   analogRead(A0);   }
  total = micros() - start;           //计算 100 次采集的总时延
  Serial.print(total/100.0);  Serial.print("us,");
  Serial.print(1e8/total);  Serial.println("Hz");
  delay(1000);
}
```

在 setup() 函数中,首先配置串口的波特率为 9600b/s。然后,在 loop() 函数中重复读取 100 次 A0 引脚的 AD 转换值,计算消耗的总时间后保存在变量 total 中。最后把每次 analogRead(A0) 的平均运行时间以及对应的采样频率用串口打印出来。

读者可以用 Arduino IDE 建立工程,输入上述程序,编译并下载到开发板中测试程序。如图 6.9 所示,analogRead() 函数的采样频率约为 8.9kHz。

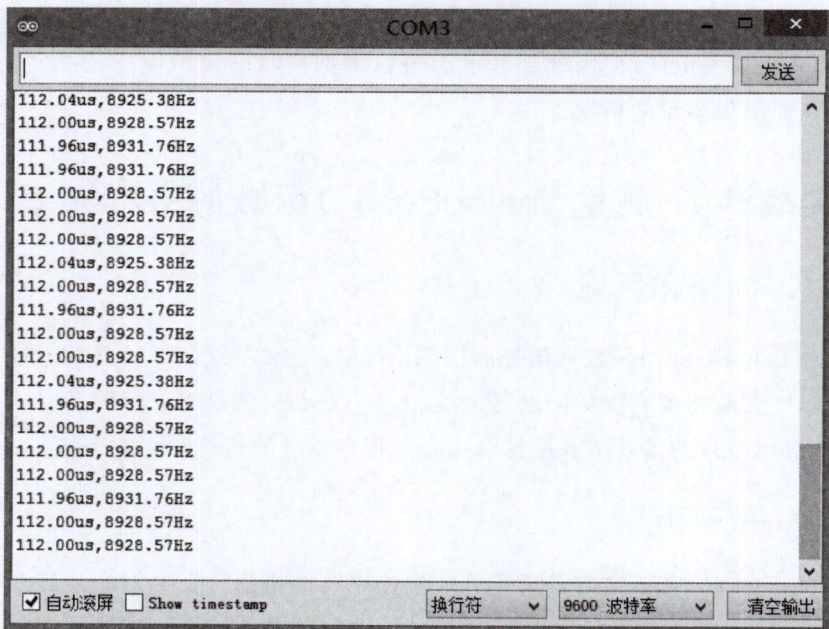

图 6.9　analogRead() 函数采样频率显示结果

6.5.3 扩展讨论

上述程序的设计思路是让 analogRead() 函数循环运行较多次数(如 100 次),然后统计消耗的总时长,最后计算 analogRead() 函数每次运行的平均时长,进而可以计算出 analogRead() 函数的采样频率。事实上,也可以记录 analogRead() 函数单次运行消耗的时间,但是这个时间往往很短,很难准确测量。而采用多次循环运行后取平均的方法,具有更高的准确性。

6.6 实战 6-5:提高 analogRead() 函数的采样频率

6.6.1 问题和目标

如果直接调用 analogRead() 函数,可见对外部模拟信号的采样频率约为 8.9kHz。然而,在某些应用场合中,如采集音频信号,上述采样频率比较低,无法满足需求。

针对上述问题,本实战将要解决的问题是提高 analogRead() 函数的采样频率。

本实战的目标是帮助读者掌握通过配置底层寄存器,提高 Arduino 模拟采样频率的方法。

6.6.2 解决方案

本实战的硬件搭建平台与实战 6-4 相同。在 Arduino IDE 中编写以下程序。

程序 6.5 提高 analogRead() 函数采样频率

```
void setup() {
  Serial.begin(9600);
  setP16();
}
void loop( ) {
  unsigned long start, total;
  start = micros();                    //记录开始累加的时刻
  for(int i = 0; i < 100; i++) {
    analogRead(A3);
  }
   total = micros() - start;           //记录终止时刻
```

```
    Serial.print(String("Period = ") + total/100.0 + "us; ");
    Serial.println(String("Freq = ") + 1e8/total + "Hz");
    delay(1000);
}
void setP16( ) {
    Serial.println("ADC Prescaler = 16");      //设置预分频寄存器 = 100
    ADCSRA |= (1 << ADPS2);                    // 1
    ADCSRA &= ~(1 << ADPS1);                   // 0
    ADCSRA &= ~(1 << ADPS0);                   // 0
}
```

上述程序与程序 6.4 的主要区别是在 setup()函数初始化部分调用了 setP16()函数,用于设置与模数转换速率相关的预分频寄存器 ADCSRA。

setP16()函数将 ADCSRA 寄存器的最低 3 位设置成 100,使模数转换的驱动时钟成为 16MHz 晶振频率的 16 分频。另外,每次模数转换需要消耗 13 个时钟周期,因此,调用 setP16()函数后,模数转换的理论速率为

$$16MHz/13/16 \approx 76.9kHz$$

另外,在串口打印部分,执行以下语句输出字符串。

```
Serial.print(String("Period = ") + total/100.0 + "us; ");
Serial.println(String("Freq = ") + 1e8/total + "Hz");
```

以上是一个使用 String()函数快速生成字符串的案例。Arduino IDE 支持使用上述指令把"Period="、浮点型数据 total/100.0,以及"us"整合成一个字符串后,送给串口打印出来。

读者可以用 Arduino IDE 建立工程,输入上述程序,编译并下载到开发板中测试程序。如图 6.10 所示,调用 setP16()函数后,analogRead()函数的采样频率约为 66kHz。这说明 Arduino IDE 中的 C 语言语句在编译时会带来额外延时,因此速率有损失。

注意,Arduino IDE 程序默认把 ADCSRA 寄存器的低 3 位默认设置成 111,使模数转换的驱动时钟成为 16MHz 晶振频率的 128 分频,因此 analogRead()函数的默认理论转换频率约为 9.6kHz。但是,由于 Arduino IDE 中的 C 语言语句在编译时会带来额外延时,因此速率有损失,如实战 6-4 的实测值约为 8.9kHz。

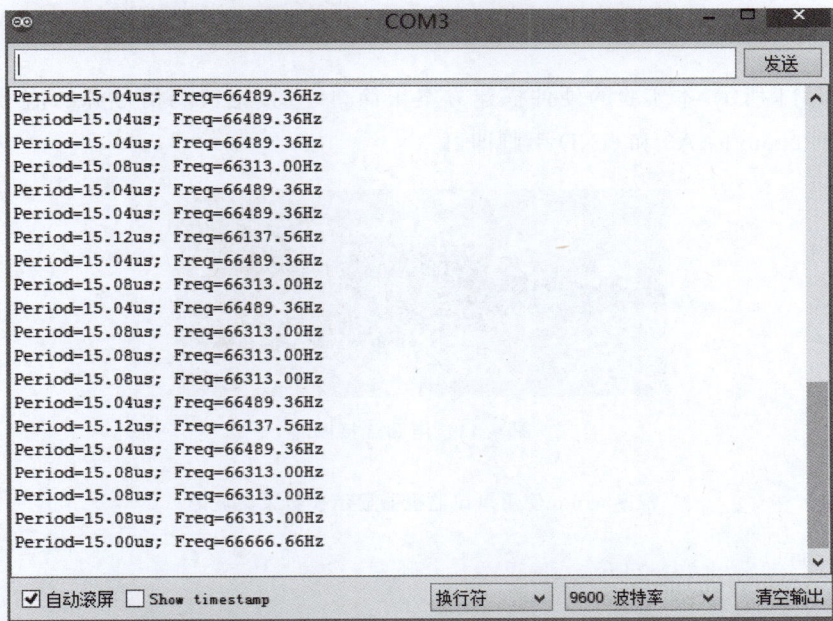

图 6.10　调用 setP16()函数后 analogRead()函数的采样频率

6.6.3　扩展讨论

感兴趣的读者可以搜索与 Atmel 处理器相关的网络资料,设计对 ADCSRA 寄存器进行其他预分频设置的子函数。注意,如果把模数转换的时钟设置得太快,可能会降低模数转换的精度。在应用中,应特别注意选择合适的预分频参数。

6.7　实战 6-6：用串口绘图器观察模数采集信号

6.7.1　问题和目标

在很多应用场景中,希望能够快速直观地观察到使用模数采集的信号波形。针对上述需求,本实战将要解决的问题是使用 Arduino IDE 自带的串口绘图器,观察模数采集的信号。

本实战的目标是帮助读者掌握方便快捷地观察 Arduino 的模数采集信号波形的技巧。

6.7.2 解决方案

如图 6.11 所示,本实验的硬件搭建方案很简单,直接把待测信号源的信号正、负线分别连接到 Nano 的 A3 和 GND 引脚即可。

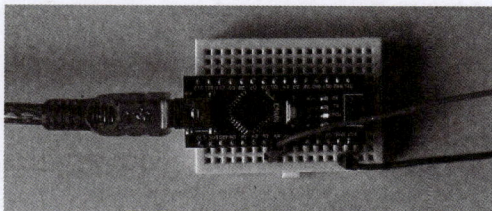

图 6.11 电路连接图

程序 6.6 使用串口监视器显示模数采集波形

```
void setup() {
  Serial.begin(2000000);
  setP16();
}
int val[700];
void loop( ) {
  for(int i = 0; i < 700; i++)
  {
    val[i] = (analogRead(A3));
  }
  for(int i = 0; i < 700; i++)
    Serial.println(val[i] * 4.78/1023);      //打印输出
  delay(1000);
}
void setP16( ) {
  Serial.println("ADC Prescaler = 16");      //设置预分频寄存器 = 100
  ADCSRA | = (1 << ADPS2);                    // 1
  ADCSRA & = ～(1 << ADPS1);                   // 0
  ADCSRA & = ～(1 << ADPS0);                   // 0
}
```

在 setup()函数中,首先调用 Serial.begin(2000000)语句把串口速率设置为 2MHz,然后调用 setP16()函数设置进行 16 预分频,提高采样频率。

定义全局整型变量数组 val,用来记录一帧采样数据值。

在 loop()函数中,首先循环调用 analogRead(A3)语句持续采样 A3 引脚的模拟信号的一帧数据,并且存入 val 数组中。然后,将 val 数组中的采样数据转换为测量电压值后发送给串口绘图器。

读者可以用 Arduino IDE 建立工程,输入上述程序,编译并下载到开发板中测试程序。在实验中,设置信号源输出-2.5~+2.5V 波动的 1kHz 频率的正弦波。打开串口绘图器,并且设置波特率为 2Mb/s,应能观察到采集到的模拟电压波形,如图 6.12 所示。

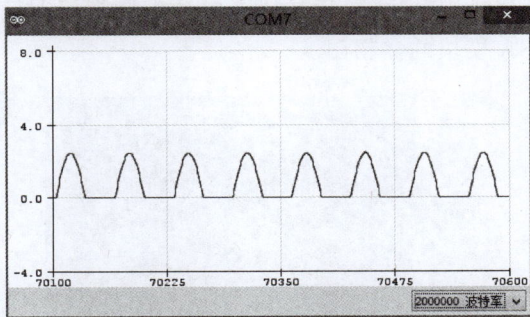

图 6.12 串口绘图器的输出波形

可见,只能采集到正弦波形的正极性部分。这是因为 Arduino 的模数采集电路的采集范围是从 0V 开始的,低于 0V 的负电压都会被转换为 0。

6.7.3 扩展讨论

感兴趣的读者可以查找资料,深入研究 Arduino IDE 串口监视器的使用方法。

6.8 实战 6-7:用 DSA 模块测量双极性模拟信号

6.8.1 问题和目标

在很多应用场景,如通信和检测信号处理设计中,必须能够有效采集双极性模拟信号,即无论输入模拟信号是正极性还是负极性,都能成功采集。但是,Arduino 自带的模数转换功能只能采集正极性模拟信号。对于低于负极性信号,Arduino 会将其转换为 0。

为解决 Arduino 不能采集双极性信号的问题,设计 DSA(DC Shiftable Amplifier)模块,可以对双极性输入信号进行线性搬移,成为正极性信号,然后再进行放大。在 DSA

模块的辅助下,Arduino 通过采集 DSA 的输出信号,再根据转换公式计算出原始输入的双极性信号值。

本实战将解决的问题是使用 DSA 模块辅助 Arduino 采集双极性模拟信号。

本实战的目标是帮助读者掌握一种使用 Arduino 采集双极性模拟信号的技巧。

6.8.2　解决方案

DSA 模块包含信号调理电路与信号放大电路两大部分。信号调理电路主要实现将双极性的信号线性搬移成正极性信号,信号放大电路把调理后的信号进行线性放大或缩小。图 6.13 所示为 DSA 模块的实物图。

图 6.13　DSA 模块的实物图

如图 6.14 所示,首先把 +5V 电源、−5V 电源、GND 连接到 DSA 模块,然后把信号源发送的双极性的正弦波送入 DSA 模块的输入端,并且调节 DSA 模块的 R5(调节波形偏移)和 R13(调整放大倍数),使输出的电平全部成为正极性波形。将 DSA 模块的输出端通过导线连接到 Nano 的 A3 和 GND 引脚。

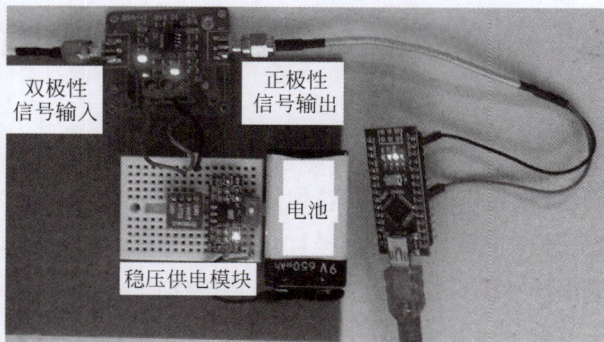

图 6.14　实战 6-7 实物连接图

信号采集程序如下。

程序 6.7 DSA 模块采集双极性信号

```
//接通电源或重启 Arduino 时运行一次以下初始化配置代码
void setup() {
  Serial.begin(2000000);
  setP16();
}
void loop( ) {
  float val;
  val = analogRead(A3) * 4.78/1023;        //记录模数采样值
  Serial.println(val); //打印输出
}
void setP16( ) {
  Serial.println("ADC Prescaler = 16");    //设置预分频寄存器 = 100
  ADCSRA |= (1 << ADPS2);                   // 1
  ADCSRA &= ~(1 << ADPS1);                  // 0
  ADCSRA &= ~(1 << ADPS0);                  // 0
}
```

程序的设计思路与实战 6-6 类似,串口绘图器显示的波形如图 6.15 所示。

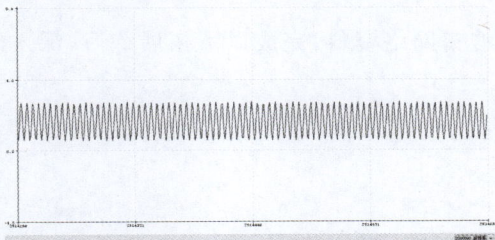

图 6.15 串口绘图器的显示结果

读者可以用 Arduino IDE 建立工程,输入上述程序,编译并下载到开发板中测试程序。打开串口绘图器,应该能观察到待测模拟电压的波形图。可见,借助 DSA 模块,Arduino 确实能完整采集到 DSA 转换输出的正极性波形。

6.8.3 扩展讨论

DSA 模块成功地实现了辅助 Arduino 采集双极性信号的功能,解决了 Arduino 自带的模数转换功能只能采集正极性信号的弊端,为后端数字信号处理提供了保障。感兴趣的读者可以采购 DSA 模块并开展实验,深入研究 DSA 模块的设计方法。

本章小结

　　本章通过 7 个实战案例,讲述了 Arduino 测量模拟电压、提高模拟测量精度、测量和提高采样频率、用串口绘图器观测采样信号波形,以及使用 DSA 模块辅助测量双极性模拟信号的应用设计。表 6.1 总结了本章讲述的函数,方便读者查阅。

表 6.1　本章讲述的函数

函　数　名	功　　能	输　　入	输　　出
analogRead(analogpin)	读取模拟引脚的模拟电压值后,转换为数字电压值	analogpin 为模拟输入引脚 A0～A7	整数值,取值为 0～1023,线性映射到 0V 到参考电压
analogReference(INTERNAL)	指定模数转换使用内部基准源	INTERNAL 表示选择内部基准源	无
analogReference(EXTERNAL)	指定模数转换使用外部基准源	EXTERNAL 表示选择外部基准源	无
setP16( )	设定模数转换采用 1/16 预分频	无	无

　　感兴趣的读者可以搜集网络资料,完成以下拓展练习,深入研究 Arduino 的模拟信号测量设计。

拓展练习

　　(1) 搜索资料,研究 ATmega328P 内部的模数转换电路,回答以下问题:

　　① 模数转换电路的组成结构是怎样的?

　　② 模数转换电路有哪些参数可以配置?

　　③ 模数转换电路有哪些相关寄存器? 怎样配置?

　　(2) 搜索 analogRead()、analogReference()函数的实现源代码,它们的实现细节是怎样的?

　　(3) 研究实战 6-6 和实战 6-7 中使用的模拟信号采集方案的各种指标,包括采样率、能获取的采样数据数量等,以及它们的区别。

　　(4) 思考一种使用模拟信号测量功能的应用,设计样机并测试性能。

第 7 章

I2C 和 SPI 通信资源应用设计

7.1　Nano 引脚的 I2C 和 SPI 通信功能

除了前述章节介绍的使用 Nano 自带资源的应用设计，Nano 还可以采用支持 I2C 或 SPI 协议通信功能的数字引脚与外围电路进行交互。

Nano 上印刷名称为 A4 和 A5 的引脚可以分别作为 I2C 协议规定的 SDA 和 SCL 信号线，支持与外部芯片或设备之间交互通信。使用 I2C 协议的典型芯片包括模数转换芯片、RFID 读卡器等。

Nano 上印刷名称为 D10、D11、D12、D13 的引脚可以分别作为 SPI 协议规定的 SS、MOSI、MISO、SCK 信号线，支持与外部芯片或设备之间的交互通信。使用 SPI 协议的典型芯片包括液晶显示器等。

表 7.1 总结了支持 I2C 和 SPI 通信协议的引脚。本章后续部分将详细讲述怎样使用这些引脚设计应用系统。

表 7.1　支持 I2C 和 SPI 协议的引脚

通信协议	引脚印刷名称与协议信号的映射
I2C 协议	A4 引脚作为 SDA，A5 引脚作为 SCL
SPI 协议	D10、D11、D12、D13 分别作为 SS、MOSI、MISO、SCK

7.2　I2C 协议原理

I2C(Inter-Integrated Circuit)是由 Philips 公司开发的一种双向二线制同步串行总线，其两条线可以挂载多个通信设备，且任意设备都可以作为当前时刻唯一的主设备。

从设备由它们的地址号码标识,每个从设备必须有一个独有地址。有些设备具有固定地址,其他设备可以通过设置引脚或初始化命令配置地址,如图7.1所示。

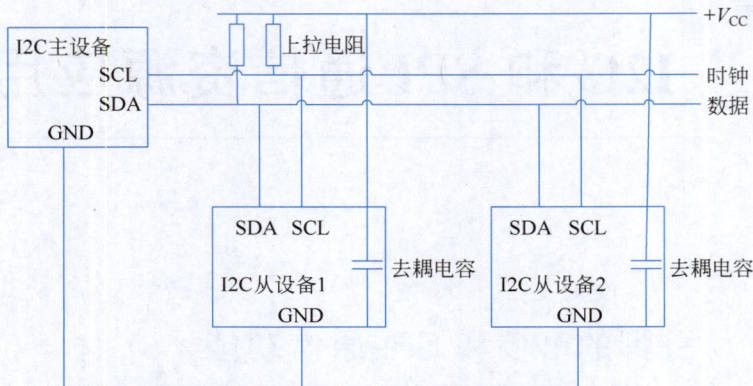

图 7.1　I2C 通信

I2C 总线由时钟总线 SCL 和数据总线 SDA 组成,所有器件的 SCL、SDA 分别连接在一起,所有 I2C 设备共地。SCL 和 SDA 引脚在芯片内部都具有开漏结构,如图 7.2 所示。这些引脚需要在芯片外部并联后,通过外加上拉电阻后构成 SCL 总线和 SDA 总线,统称为 I2C 总线。SCL(或 SDA)总线电平是所有 SCL(或 SDA)引脚电平的"与"——只要一个器件从内部输入低电平,SCL(或 SDA)总线就会被拉到低电平;只有当所有器件都从内部输入高电平时,总线才保持高电平。

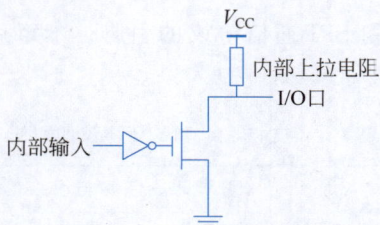

图 7.2　SCL 和 SDA 引脚的开漏结构

I2C 通信分为起始信号、传输数据和终止信号 3 部分,如图 7.3 所示。I2C 没有固定的波特率,但有时序的要求,从高位到低位依次发送字节中的每位。在通信过程中,起始信号与终止信号之间的传输数据不受字节限制,一次可以传输多字节。在每字节的末尾添加一位应答位,通常使用 ACK 表示。表 7.2 总结了 I2C 通信过程。

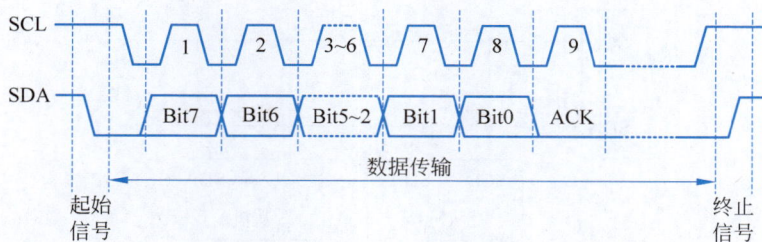

图 7.3　I2C 通信时序图

表 7.2　I2C 通信过程

子过程	信 号 特 征
起始信号	SCL 为高电平期间,SDA 出现下降沿
数据传输	当 SCL 为高电平时,接收方读取 SDA,SDA 不可变化;当 SCL 为低电平时,SDA 可以变化
终止信号	SCL 为高电平期间,SDA 出现上升沿

7.3　实战 7-1: 用 Wire 库实现 I2C 通信

7.3.1　问题和目标

本实战将解决的问题是用 Arduino IDE 集成的 Wire 库函数实现 I2C 通信组网。本实战的目标是帮助读者掌握用 Arduino 实现 I2C 通信组网的技巧。

7.3.2　解决方案

使用 Uno 作为主机,两个 Nano 作为从机,实现基于 I2C 的网络通信。在实验平台搭建方面,使用杜邦线连接主机 VCC 引脚与从机 VCC 引脚、主机 GND 引脚与从机 GND 引脚、主机 A4 引脚(SDA)与从机 A4 引脚(SDA)、主机 A5 引脚(SCL)与从机 A5 引脚(SCL)。连接示意图与实物连接图如图 7.4 和图 7.5 所示。

接下来,用 Wire 库函数实现主机与从机之间的 I2C 通信功能。使用主机向两个从机发送字符串,并同时使用两个从机向主机反馈字符串。主从机分别读取收到的字符串,最后发送到串口上查看结果。

主机部分的详细程序代码如程序 7.1 所示,程序关键细节已经用注释解释。

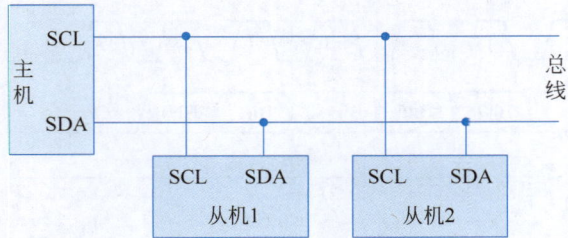

图 7.4　实战 7-1 连接示意图

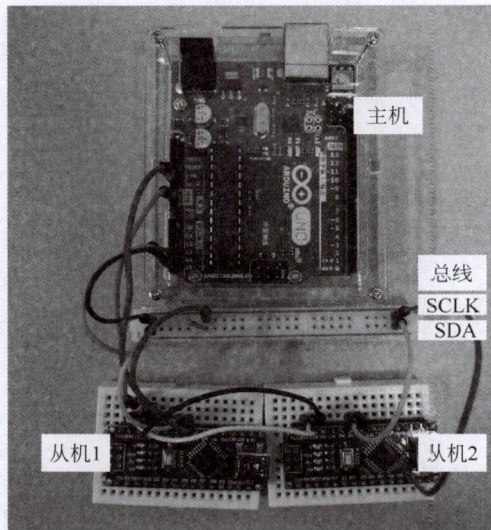

图 7.5　实战 7-1 实物连接图

程序 7.1　I2C 通信主机程序

```
# include < Wire.h >                    //包含 I2C 库文件
# define LED 13
char x;                                 //变量 x 决定 LED 的亮灭
//初始化
void setup()
{
  Wire.begin();                         //加入 I2C 总线,作为主机
  pinMode(LED, OUTPUT);                 //设置数字端口 13 为输出
  Serial.begin(9600);                   //设置串口波特率
}
//主程序
```

```
void loop()
{
  mst_write(4);                          //主机向地址 4 的从机发消息
  delay(1000);                           //延时 1s
  mst_read(4, 22 );
  delay(1000);                           //延时 1s
  mst_write(3);
  delay(1000);                           //延时 1s
  mst_read(3, 22 );
  delay(1000);                           //延时 1s
}
void mst_write(int slaNum)               //主机向从机地址 slaNum 发送消息
{
  Wire.beginTransmission(slaNum);        //发送 I2C 起始信号
  if(slaNum == 4)
    Wire.write("Msg from master for 4"); //发送字符串
  else
    Wire.write("Msg from master for 3"); //发送字符串
  Wire.endTransmission();                //发送 I2C 终止信号
}
void mst_read(int slaNum, int charNum)
{
  Wire.requestFrom(slaNum, charNum);     //通知 4 号从机上传
  while (Wire.available() > 1)           //当主机接收到从机数据时
  {
    char c = Wire.read();                //按照字符格式,接收字节
    Serial.print(c);                     //把字符打印到串口监视器中
  }
  x = Wire.read();                        //按照二进制数格式,接收字节
  Serial.println(x);                      //把接收字节打印到串口监视器中并换行
}
```

地址 4 和地址 3 的从机程序如程序 7.2 和程序 7.3 所示,程序关键细节已经用注释解释。

程序 7.2 从机 4 程序

```
# include < Wire.h >                     //包含 I2C 库文件
char x;                                  //变量 x 值决定从机的 LED 是否点亮
//初始化
void setup()
{
  Wire.begin(4);                         //加入 I2C 总线,并且设置从机地址为 4
  Wire.onReceive(receiveEvent);          //注册接收到主机消息的事件
  Wire.onRequest(requestEvent);          //注册主机通知从机上传数据的事件
```

```
   Serial.begin(9600);                    //设置串口波特率
}
//主程序
void loop()
{
   delay(100);                            //延时
}
// 当从机接收到主机字符,执行该事件
void receiveEvent(int howMany)
{
   while( Wire.available()>1)             //循环执行,直到数据包只剩下最后一个字符
   {
      char c = Wire.read();               //作为字符接收字节
      Serial.print(c);                    //把字符打印到串口监视器中
   }
   //接收主机发送的数据包中的最后一字节
   x = Wire.read();                       //按照二进制数格式,接收字节
   Serial.println(x);                     //把整数打印到串口监视器中并换行
}
//当主机通知从机上传数据,执行该程序
void requestEvent()
{
   Wire.write("Msg from 4 for master");
}
```

程序 7.3 从机 3 程序

```
#include < Wire.h >                       //声明 I2C 库文件
char x;                                   //变量 x 值决定主机的 LED 是否点亮
//初始化
void setup()
{
   Wire.begin(3);                         //加入 I2C 总线,设置从机地址为 3
   Wire.onReceive(receiveEvent);          //注册接收到主机字符的事件
   Wire.onRequest(requestEvent);          //注册主机通知从机上传数据的事件
   Serial.begin(9600);                    //设置串口波特率
}
//主程序
void loop()
{
   delay(100);                            //延时
}

// 当从机接收到主机字符,执行该子函数
```

```
void receiveEvent(int howMany)
{
  while( Wire.available()>1)          //循环执行,直到数据包只剩下最后一个字符
  {
    //int n = Wire.available();       //存储总的字符个数,每读取一个减1
    //Serial.print(n);
    char c = Wire.read();             //作为字符接收字节
    Serial.print(c);                  //把字符打印到串口监视器中
  }
  //接收主机发送的数据包中的最后一字节
  x = Wire.read();                    //作为整数接收字节
  Serial.println(x);                  //把整数打印到串口监视器中并换行
}


//当主机通知从机上传数据,执行该子函数
void requestEvent()
{
  //把接收主机发送的数据包中的最后一字节再上传给主机
  Wire.write("Msg from 3 for master");
}
```

读者可以用 Arduino IDE 开发软件建立工程,输入上述程序,编译并下载到主机和从机中。通过主机和从机串口监视器应能观察到图 7.6 显示的内容,证明主机和从机都已成功发送和接收到相应的信号。

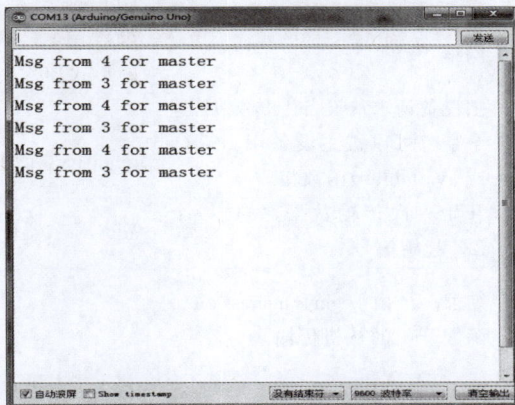

(a) 主机接收数据

图 7.6 主机和从机的串口监视器显示

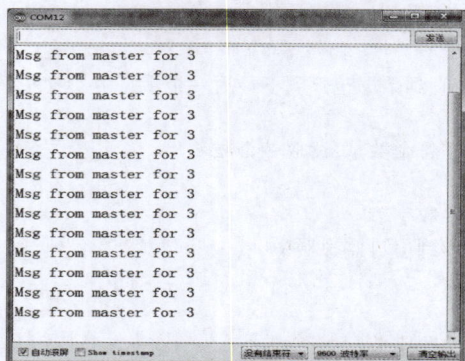

(b) 从机3接收数据　　　　　　　　　　(c) 从机4接收数据

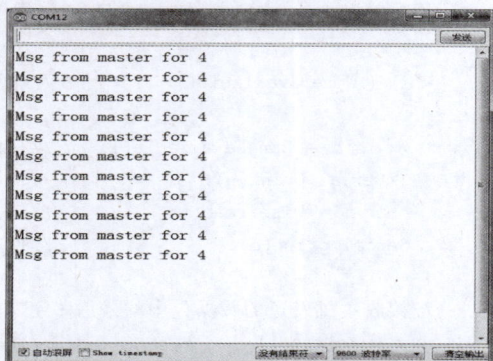

图 7.6 （续）

7.3.3 扩展讨论

使用 Wire 库实现 I2C 联网通信的关键子函数已经总结在表 7.3 中。感兴趣的读者可以参考官网资料(https://www.arduino.cc/en/Reference/Wire)，深入研究 Wire 库函数的使用技巧。

表 7.3　Wire 函数库总结

函 数 名	功 能	输 入	输 出
Wire.begin(address)	初始化 Wire 库，并且加入 I2C 网络	address 作为从机地址。如果没有输入，则以 Master 的形式加入 I2C 网络	无
Wire.requestFrom (address,quantity)	主设备请求从设备上传数据，这个字节可以被主设备用 read() 或 available()函数接收	address：7 位的器件地址；quantity：请求得到的数量	无
Wire.beginTransmission (address)	开始一次传输数据，发送一个 I2C 起始信号	address：器件的 7 位地址	无
Wire.endTransmission()	结束一个由 beginTransmission() 函数开始的从机传输	无	0 为成功,1 为失败
Wire.write(value) Wire.write(string) Wire.write(data,length)	向 I2C 总线发送数据	value：要发送的数值；string：字符组的指针；data：一个字节数组；length：传输的数量	无

续表

函　数　名	功　　能	输　　入	输出
Wire. available()	Wire. requestFrom()函数请求从机数据后,可以使用 available()函数接收	无	无
Wire. read()	Wire. requestFrom()函数请求从机数据后,可以使用 read()函数接收	无	接收的数据
Wire. onReceive (funcName)	注册从机接收到主机字符后,应调用的子函数	funcName：应调用的函数名	无
Wire. onRequest (funcName)	注册从机接收到主机请求后,应调用的子函数	funcName：应调用的函数名	无

7.4　SPI 协议原理

串行外围设备接口(Serial Peripheral Interface,SPI)是一种高速、全双工、同步通信总线。如图 7.7 所示,SPI 通信模式为主从方式通信,通常有一个主机和一个(或多个)从机。

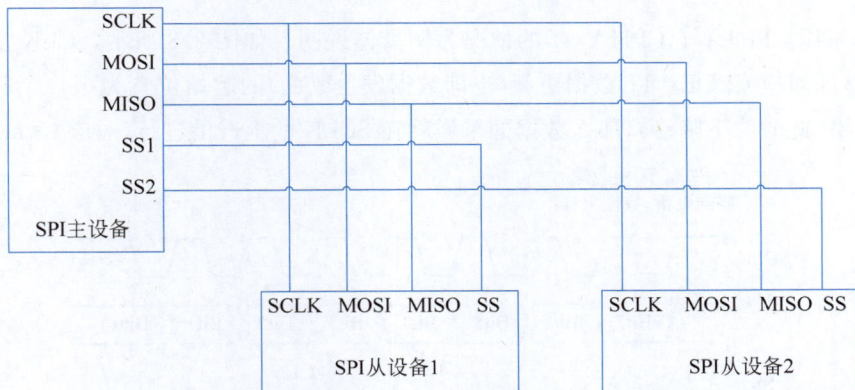

图 7.7　SPI 通信示意图

标准的 SPI 通信有 4 个引脚,分别是 SS(片选)、SCLK(时钟)、MOSI(主机输出从机输入)和 MISO(主机输入从机输出)。表 7.4 介绍了 SPI 通信中各引脚的功能。

表 7.4　SPI 通信中各引脚功能

引脚	功　　能
SS	从设备片选使能信号。如果从设备是低电平使能,拉低该引脚后,从设备将会被选中,主机与该从机通信
SCLK	由主机产生的时钟信号
MOSI	主机给从机发送指令或数据的信号线
MISO	主机读取从机的状态或数据的信号线

　　SPI 在读写数据时序的过程中,由时钟极性(Clock Polarity,CPOL)和时钟相位(Clock Phase,CPHA)共同控制,两者的不同组合构成 4 种模式。CPOL 用于区分无数据发送时的 SCLK 空闲状态的电平,CPHA 用于确定时钟的数据采样位置和数据更新(即数据发生改变)位置。表 7.5 介绍了 SPI 的 4 种工作模式。

表 7.5　SPI 工作模式

CPHA	工 作 模 式	
	CPOL＝0	CPOL＝1
CPHA＝0	空闲状态低电平,数据采样在第一个时钟周期的第一个沿上	空闲状态高电平,数据采样在第一个时钟周期的第一个沿上
CPHA＝1	空闲状态低电平,数据更新在第一个时钟周期的第一个沿上	空闲状态高电平,数据更新在第一个时钟周期的第一个沿上

　　下面将以 CPOL＝1,CPHA＝1 的情况为例具体说明。如图 7.8 所示,SCLK 空闲状态为高电平,即对应 CPOL＝1；数据更新(也即数据发生改变)的起始位置为第一个时钟周期的第一个沿(此时为下降沿),那么数据的采样就在 SCLK 的上升沿进行,对应 CPHA＝1。

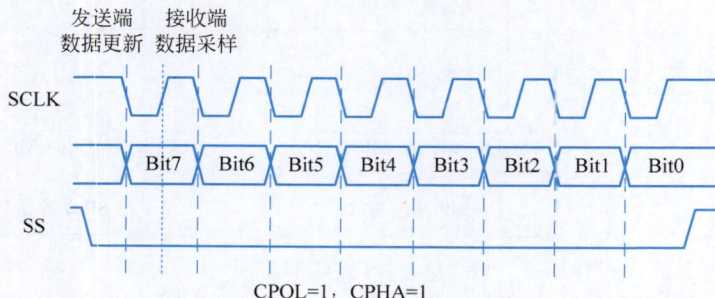

图 7.8　SPI 时序图(1)

　　在 SPI 的一个时钟周期中,包含数据采样和数据更新。时钟周期的第一个沿是上升沿还是下降沿由 SCLK 空闲状态的电平决定。图 7.9 所示为另外 3 种模式的 SPI 时序图,用于对比帮助理解。

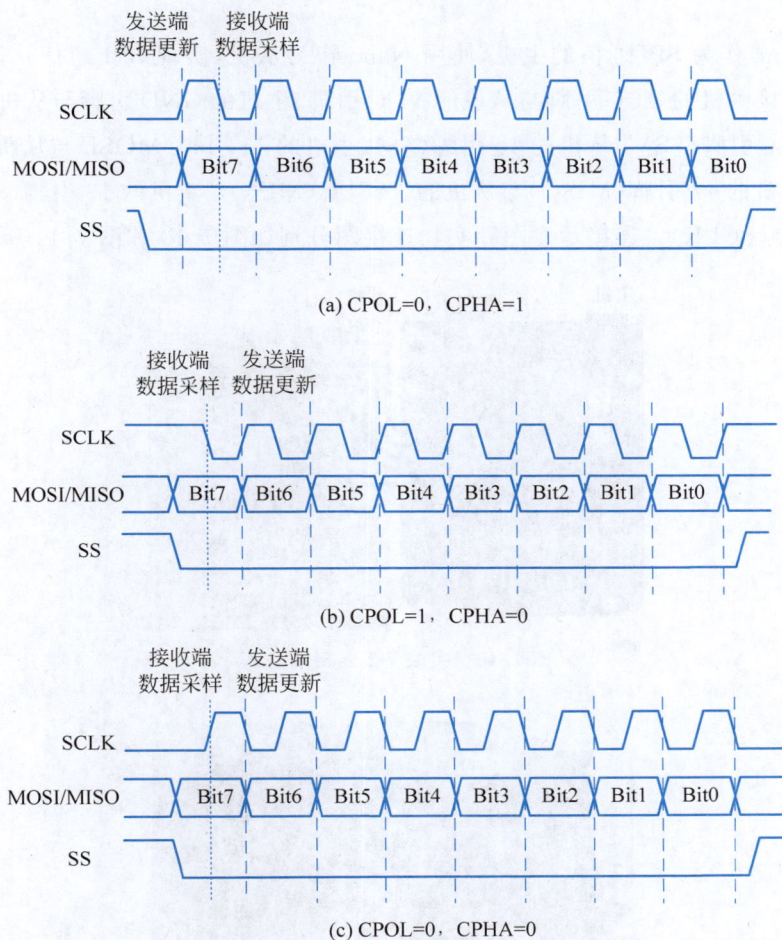

(a) CPOL=0，CPHA=1

(b) CPOL=1，CPHA=0

(c) CPOL=0，CPHA=0

图 7.9　SPI 时序图（2）

7.5　实战 7-2：用 SPI 库实现 SPI 通信

7.5.1　问题和目标

本实战解决的关键问题是用 Arduino IDE 自带的 SPI 库函数实现 SPI 通信。

本实战的目标是帮助读者掌握用 Arduino IDE 自带的 SPI 库函数实现 SPI 通信的技巧。

7.5.2　解决方案

使用 Uno 作为 SPI 通信的主机,使用 Nano 作为从机,实现 SPI 通信。使用 6 根杜邦线分别连接主机的 VCC 引脚与从机的 VCC 引脚、主机的 GND 引脚与从机的 GND 引脚、主机的 10 引脚(SS)与从机的 10 引脚(SS)、主机的 11 引脚(MOSI)与从机的 11 引脚(MOSI)、主机的 12 引脚(MISO)与从机的 12 引脚(MISO)、主机的 13 引脚(SCLK)与从机的 13 引脚(SCLK)。连接示意图和实物连接图分别如图 7.10 和图 7.11 所示。

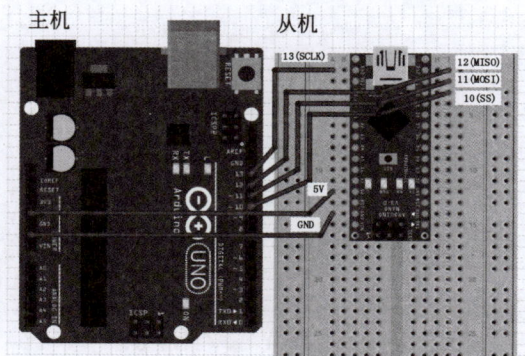

图 7.10　实战 7-2 连接示意图

图 7.11　实战 7-2 实物连接图

接下来使用 SPI 库函数实现主机与从机之间的 SPI 通信。

程序 7.4　SPI 通信主机程序

```
# include < SPI.h>              //包含 SPI 库函数
void setup (void)
```

```
{
  Serial.begin(9600);
  digitalWrite(SS, HIGH);        //SPI 内部逻辑复位
  SPI.begin ();                  //SPI 通信初始化配置
}
void loop (void)
{
  char c;
  digitalWrite(SS, LOW);         //SS 为引脚 10,使能从机
  // 循环发送字节,实现字符串的发送
  for (const char * p = "Hello,world!\n" ; c = * p; p++) {
    SPI.transfer (c);            //主机 SPI 发送
    Serial.print(c);             //串口显示发送的字节
  }
  // 复位从机
  digitalWrite(SS, HIGH);
  delay (1000);
}
```

程序 7.5　SPI 通信从机程序

```
//从机代码
# include < SPI.h >
char buf [100];
volatile byte pos;
void setup (void)
{
  Serial.begin (9600);
  //从机的 MISO 要配置为输出模式
  //以下 MISO、SPCR、SPE、SPSR、SPIF、SPDR 等已在 SPI.h 文件中定义
  pinMode(MISO, OUTPUT);
  SPCR| = (1 << SPE);                    //用 SPE 对 SPCR 进行寄存器赋值,使能 SPI
  pos = 0;
}
char SPI_SlaveReceive(void){
  while(!(SPSR & (1 << SPIF)));          //判断数据是否发送完成
  return SPDR;
}
void loop(void){
  buf[pos++] = SPI_SlaveReceive();
  if(buf[pos - 1] == '\n'){
    buf[pos] = 0;
    pos = 0;
```

```
        Serial.print(buf);
    }
}
```

读者可以用 Arduino IDE 建立工程,输入上述程序,编译并下载到开发板中测试程序。通过串口监视器应该能观察到主机发送给从机的信息,如图 7.12 所示。

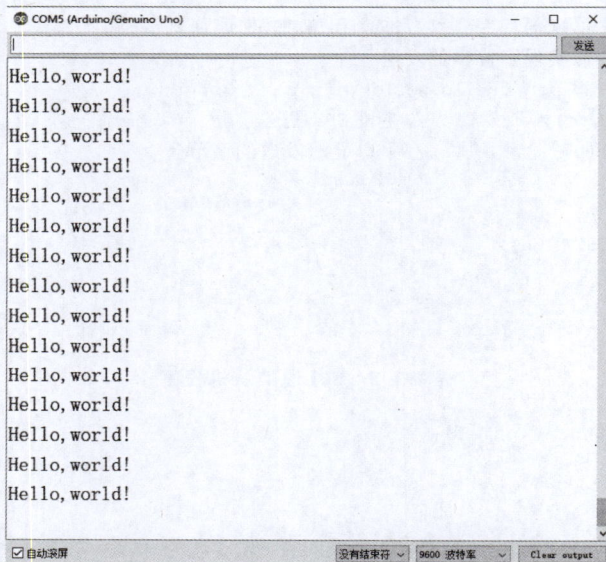

图 7.12　SPI 通信实验结果

7.5.3　扩展讨论

SPI 库函数总结如表 7.6 所示,相关的 SPI 寄存器功能总结如表 7.7 所示,方便读者查阅。感兴趣的读者可以搜索参考官网资料(https://www.arduino.cc/en/Reference/SPI),深入研究 SPI 库函数的使用技巧。

表 7.6　SPI 库函数

函　数　名	功　　能	程序内输入	程序内输出
SPI. begin()	初始化 SPI	通信速率	无
SPI. transfer()	SPI 发送数据	数据	无

表 7.7　SPI 寄存器功能

寄存器	位数	定义	功　　能
SPCR(控制寄存器)	7	SPIE	SPI 中断使能位,置 1 时表示使能
	6	SPE	SPI 使能位,置 1 时表示使能
	5	DORD	发送数据时,1 表示最低有效位,0 表示最高有效位
	4	MSTR	设置为 1 表示为 master 模式,0 为 slave 模式
	3	CPOL	时钟极性控制位
	2	CPHA	时钟相位控制位
	1	SPR1	设置 SPI 的速度,00 表示最快速率(4MHz),11 表示最慢
	0	SPR0	速率(250kHz)
SPDR(数据寄存器)			存储即将发送或已经接收的 1 字节的数据
SPSR(状态寄存器)	7	SPIF	传输完成标志,当一次传输完成,SPIF 置 1
	6	WOCL	SPI 写冲突标志,在数据传输的过程中,如果对 SPDR 执行写操作,WCOL 将置 1

本章小结

本章介绍了 I2C 和 SPI 通信协议原理,以及使用 Arduino 的相关库函数实现 I2C 和 SPI 通信设计的技巧。

感兴趣的读者可以查阅资料,完成以下拓展练习,深入研究 I2C 和 SPI 协议的实现方法。

拓展练习

(1) 搜索资料,查找一款支持 I2C 功能的外围模块,思考使用该模块和 Arduino 的一种应用,设计样机并且测试性能。

(2) 搜索资料,查找一款支持 SPI 功能的外围模块,思考使用该模块和 Arduino 的一种应用,设计样机并且测试性能。

第 8 章

自带与外扩存储资源的设计

8.1 Arduino 的数据存储资源

在电子系统设计中,经常需要掉电后仍然能够存储数据,如系统的当前配置参数等。用于存储数据的硬件资源,相当于 PC 系统的硬盘。

Nano 自带了 1KB 的电擦除可编程只读存储器(Electrically Erasable Programmable Read Only Memory,EEPROM)存储资源,可以用来存储掉电非易失数据。

另外,也可以使用 Nano 的 I2C 或 SPI 扩展使用外部存储资源,如外部 EEPROM 芯片或 SD 芯片。

本章将通过实战案例介绍使用 Nano 自带的 EEPROM 和外部存储资源进行数据存储的设计方法。

8.2 实战 8-1: 用内置 EEPROM 存储数据

8.2.1 问题和目标

本实战要解决的问题是使用 Nano 内置的 EEPROM 存储掉电非易失数据。

本实战的目标是帮助读者掌握使用 EEPROM 存储掉电非易失数据的方法。

8.2.2 解决方案

在实验平台搭建方面,直接用 USB 电缆连接 PC 和 Nano 即可。程序设计如程序 8.1 所示。

程序 8.1 读写内部 EEPROM 的代码

```
# include < EEPROM. h >
void setup() {
  Serial.begin(9600);                      //初始化串口
  Serial.println(EEPROM.length());         //打印 EEPROM 地址
  for(int address = 0; address < EEPROM.length(); address++)
     EEPROM.write(address,address % 1024); //打印每个地址的内容
}
int readAddr = 0;                          //定义读地址
void loop() {
  byte value;
  value = EEPROM.read(readAddr);           //从地址中读取 1 字节
  Serial.println(String("Internal EEPROM address ") + readAddr + " = " + value);
  readAddr = (readAddr + 1) % 1024;
  delay(500);
}
```

程序 8.1 中调用的关键函数如下。

EEPROM. length()：用来返回内部 EEPROM 的大小，以字节为单位。

EEPROM. write(int address,byte value)：用来向地址 address 的存储位置写入字节数据 value。

EEPROM. read(int address)：用来从地址 address 读取 1 字节的存储数据。

读者可以在 Arduino IDE 中输入上述程序，编译下载后，打开串口监视器，应该能观察到如图 8.1 所示的输出结果。可见，Nano 内部确实包含 1KB 的 EEPROM 资源，而且上述程序确实能够正确读写内置 EEPROM。

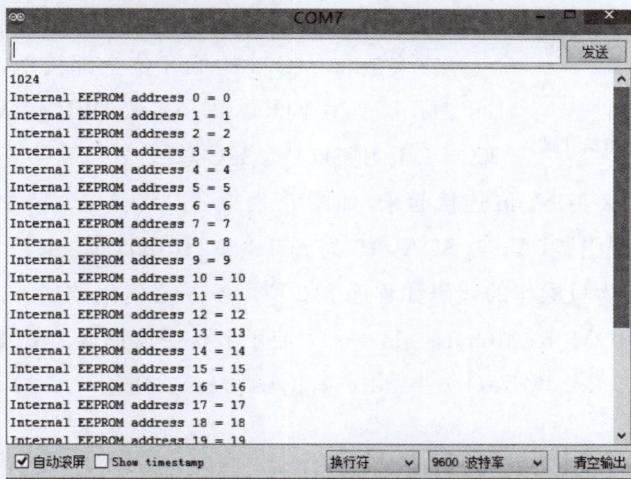

图 8.1 实战 8-1 输出结果

8.2.3　扩展讨论

Nano 内置的 EEPROM 确实能够方便地存储掉电非易失数据。感兴趣的读者可以参考官网资料（https://www.arduino.cc/en/Reference/EEPROM），深入研究内置 EEPROM 的使用方法。

8.3　实战 8-2：用外部 EEPROM 存储数据

8.3.1　问题和目标

在实际应用中，Arduino 内部的 EEPROM 的容量可能不足以满足数据存储需求。本实战将要解决的问题是设计为 Arduino 扩展外部 EEPROM 模块，并实现对该模块的读写操作。

本实战的目标是帮助读者掌握使用外部 EEPROM 模块为 Arduino 扩展存储容量的方法。

8.3.2　解决方案

Atmel 24C02 是一种应用广泛的 EEPROM 模块。24C02 的容量为 $256 \times 8b$，引脚如图 8.2 所示。24C02 是使用 I2C 协议写入和读取数据的，它的 I2C 地址高 4 位是固定的 1010，低 3 位是由 A0、A1、A2 引脚配置。

本实战将 24C02 的低 3 位全部接地，因此它的 I2C 地址实际上是 1010000，即 0x50。WP 代表写保护，高位有效。SCL 和 SDA 为 I2C 总线。

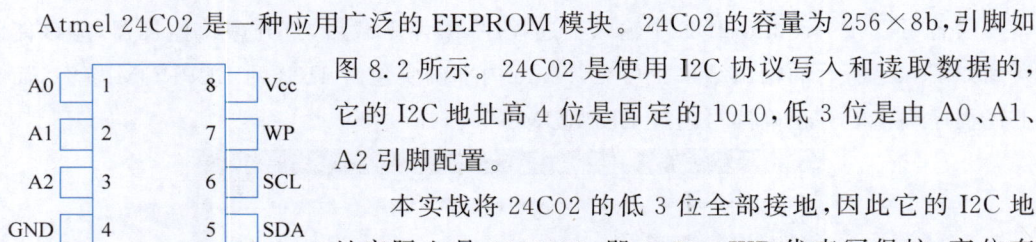

图 8.2　Atmel 24C02 引脚

将 Atmel 24C02 与 Nano 连接起来，如图 8.3 所示。将 A0、A1、A2、WP 引脚接地，将 Nano 的 I2C 总线引脚（A4 为 SDA，A5 为 SCL）与 24C02 对应相连。

实现对 24C02 读写操作的代码如程序 8.2 所示。核心子函数如下。

byte I2CEEPROM_Read(byte address)：使用 I2C 协议读取 24C02 的地址 address。

byte I2CEEPROM_Write(byte address,byte data)：使用 I2C 协议向地址 address 写入字节数据 data。

上述两个子函数的运行流程如图 8.4 所示。

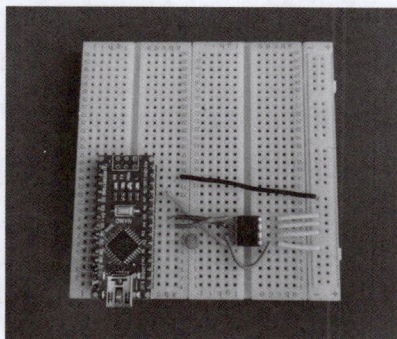

图 8.3 Nano 与 24C02 连接

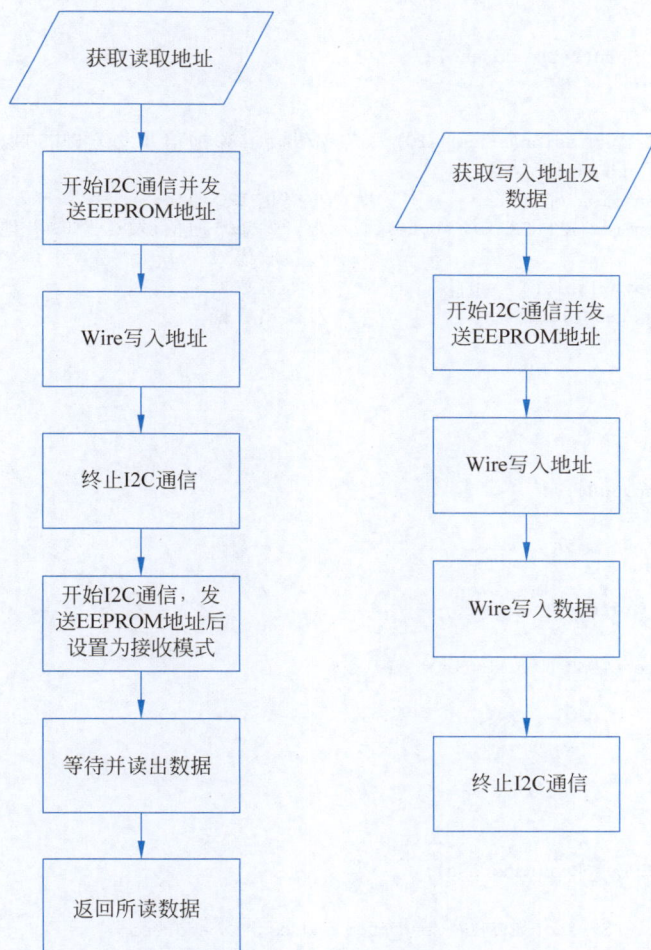

图 8.4 Atmel 24C02 的读写流程

程序 8.2 实现的功能：从地址 0 开始，向 Atmel 24C02 依次写入 26 个大写字母，写入方式为 ASCII 码；再将 EEPROM 的值读取出来，发送到串口上。

程序 8.2　读写外部 EEPROM

```
# include < Wire. h >                              //包含 Wire. h 头文件
const byte EEPROM_ID = 0x50;                       //设置外部 EEPROM 的 I2C 地址
void I2CEEPROM_Write(byte address, byte data)
{
    Wire. beginTransmission(EEPROM_ID);            //开始 I2C 通信并发送 EEPROM 地址
    Wire. write(address);                          //写入地址
    Wire. write(data);                             //写数据
    Wire. endTransmission();                       //终止 I2C 通信
    delay(1);
}
byte I2CEEPROM_Read(byte address)
{
    byte data;
    Wire. beginTransmission(EEPROM_ID);            //开始 I2C 通信并发送 EEPROM 地址
    Wire. write(address);
    Wire. endTransmission();                       //终止 I2C 通信
    Wire. requestFrom(EEPROM_ID, (byte)1);         //开始 I2C 通信,发送 EEPROM 地址后设置为
                                                   //接收模式
    while(Wire. available() == 0);                 //等待数据
    data = Wire. read();                           //读出数据
    return data;
}

void setup() {
  Wire. begin();
  Serial. begin(9600);
  int thisByte = 65;
  for(int i = 0; i < 26; i++)
  {
    I2CEEPROM_Write(i, thisByte);
    thisByte++;
    if(thisByte == 126) thisByte = 33;
  }
}

byte address;
void loop() {
  char data;
  data = I2CEEPROM_Read(address);

  Serial. println(String("EEPROM read from address") + address + " = " + data);
  address++;
```

```
  if(address == 26) address = 0;
  delay(1000);
}
```

打开串口监视器,已经可以看到从 EEPROM 中读取出先前写入的字母,与程序写入的相符,如图 8.5 所示。

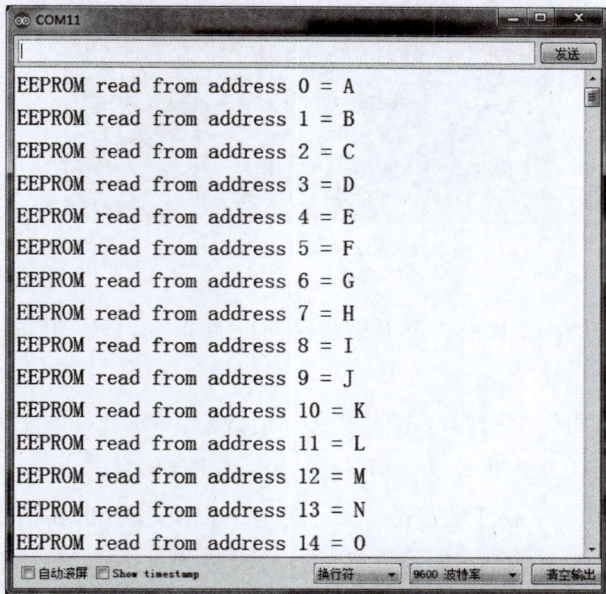

图 8.5　从外部 EEPROM 中读取的数值

8.3.3　扩展讨论

感兴趣的读者可以查找 EEPROM 外接芯片的资料,深入了解使用芯片外扩存储资源的设计方法。

8.4　实战 8-3:用外部 SD 卡存储数据

8.4.1　问题和目标

即使是外部的 EEPROM,其容量往往也不能满足要求。在日常生产生活中通常使用 SD(Secure Digital Memory)卡存储数据,SD 卡容量大、体积小、数据传输速度快、可热插拔,尤其适合作为物联网的数据媒介。

本实战要解决的问题是用 Nano 连接外部 SD 卡模块,并实现对数据的存取操作。

本实战的目标是帮助读者掌握为 Nano 外扩 SD 卡的设计方法。

8.4.2　解决方案

可以非常方便地采购 SD 卡及读卡模块,图 8.6 所示为一款样品。

图 8.6　SD 卡读卡模块和 SD 卡

该 SD 卡为普通的 16GB 卡。读卡模块通过文件系统以及 SPI 进行读写,硬件由以下几部分构成。

(1) 控制接口:共 6 个引脚(GND、VCC、MISO、MOSI、SCK、SS),GND 为地,VCC 为供电电源,MISO、MOSI、SCK 为 SPI 总线,SS 为片选信号。

(2) 3.3V 稳压电路:稳压输出的 3.3V 为电平转换芯片和 SD 卡供电。

(3) 电平转换电路:将往 SD 卡方向的信号转换为 3.3V,SD 卡往控制接口方向的 MISO 信号也转换为 3.3V,一般单片机系统都能读取该信号。

(4) SD 卡座:自弹式卡座,方便卡的插拔。

将 Nano 和 SD 读卡模块的 SPI 连接,并连接电源和地,如图 8.7 所示。然后,使用程序 8.3 进行 SD 卡的读写。程序实现的功能如下。

(1) 将字符串"Hello Arduino"写入 SD 卡根目录的 SD.txt 文件中。注意需要提前在 SD 卡中创建 SD.txt 文件。

(2) 读取 SD 卡根目录的 SD.txt 文件,并将内容发送到串口上。

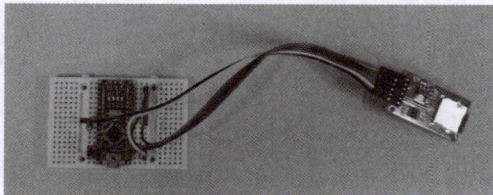

图 8.7　Nano 和 SD 读卡模块的连接

程序 8.3　SD 卡读写

```
#include <SPI.h>              //包含 SPI 头文件
#include <SD.h>               //包含 SD 头文件
File myFile;                  //定义文件变量
void setup() {
  Serial.begin(9600);
  Serial.print("Initializing SD card...");
  if (!SD.begin(4)) {
    Serial.println("initialization failed!");
    while (1);
  }
  Serial.println("initialization done.");
  myFile = SD.open("SD.txt", FILE_WRITE);
  if (myFile) {               // 如果 SD 卡的文件成功被打开
    Serial.print("Writing to SD.txt...");
    myFile.println("Hello Arduino");
    myFile.close();
    Serial.println("done.");
  } else {
    Serial.println("error opening SD.txt");
  }
  myFile = SD.open("SD.txt");
  if (myFile) {
    Serial.println("SD.txt:");
    while (myFile.available()) {
      Serial.write(myFile.read());
    }
    myFile.close();
  } else {
    Serial.println("error opening SD.txt");
  }
}
void loop() {
}
```

　　打开串口监视器，可以看到读取程序的运行状态，并能看到从文件中读取到的数据，与程序预设的相同，为"Hello Arduino"，如图 8.8 所示。

　　通过 PC 和读卡器直接读取 SD 卡内的数据，可以在根目录中找到 SD.txt 文件。打开 SD.txt 文件，如图 8.9 所示，文件中已经写入了预设的"Hello Arduino"字符串，验证了程序的正确性。

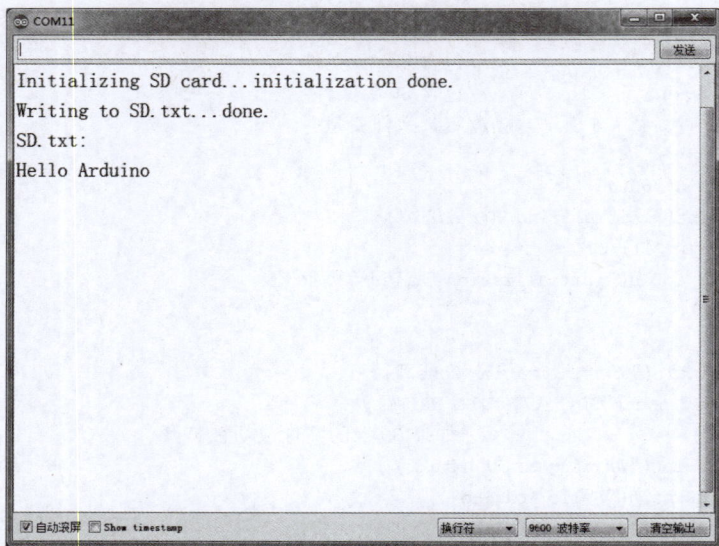

图 8.8　实战 8-3 输出结果

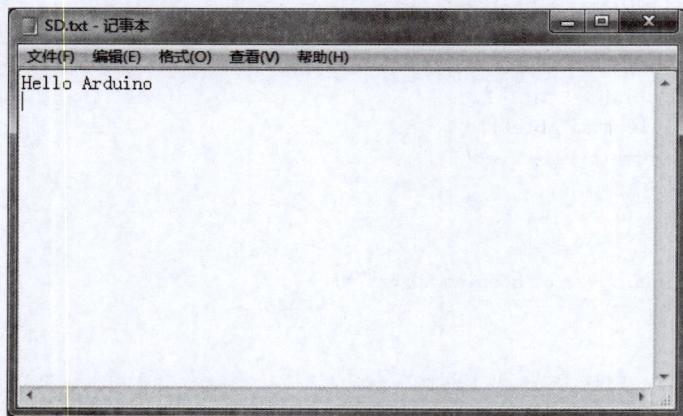

图 8.9　PC 端检测 SD.txt 文件的内容

8.4.3　扩展讨论

感兴趣的读者,可以参考官网资料(https://www.arduino.cc/en/Reference/SD),深入研究 SD 卡的读写设计方法。

本章小结

本章通过 3 个实战案例,介绍了使用内置 EEPROM、外部 EEPROM、SD 卡扩展 Arduino 的掉电非易失存储容量的设计方法。

感兴趣的读者可以搜索网络资料,完成以下挑战性拓展练习,探索掉电非易失存储设计的方法。

拓展练习

(1) 设计实验方案,测量各种外扩存储器执行读或写存储单元操作消耗的时间。

(2) 思考一款使用掉电非易失存储资源的应用,设计样机并测试性能。

第 9 章

外扩模拟信号输出的设计

9.1　模拟信号输出概述

在实际应用中,往往需要用产生模拟信号驱动受控设备工作。例如,通信发射机需要输出携带信息的模拟波形,控制器需要向受控设备输出控制信号,等等。

Nano 开发板没有提供驱动输出模拟信号的功能,但可以通过使用外部数模转换(Digital to Analog,DA)模块实现该功能。

本章将介绍通过加装电阻网络、DAR 模块、TI902 模块或 PCF8571 模块实现 DA 功能。

9.2　实战 9-1：用面包板扩展 DA 功能

9.2.1　问题和目标

本实战要解决的问题是为 Arduino 开发板设计外围电阻网络,从而实现 DA 功能。本实战的目标是帮助读者掌握一种使用基本电阻元件实现 DA 功能的方法。

9.2.2　解决方案

可以用如图 9.1 所示的电阻网络实现 DA 功能。其中,a_i 代表 Arduino 的数字引脚输出(0 或 1)。可见,并联电阻网络的等效阻值 R 可以表示为

$$\frac{1}{R} = \frac{a_{N-1}}{R_x} + \frac{a_{N-2}}{2R_x} + \cdots + \frac{a_0}{2^{N-1}R_x} = \frac{1}{R_x}\sum_{i=0}^{N-1}\frac{a_i}{2^{N-1-i}}$$

因此,输出端的电平为

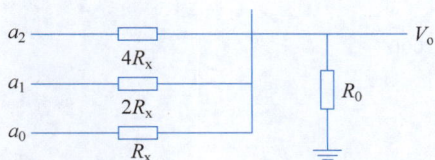

图 9.1 电阻网络实现 DA 功能

$$V_{o} = \frac{V_{cc}R_0}{R_0 + R} \approx \frac{V_{cc}R_0}{R} = \frac{V_{cc}R_0}{R_x} \sum_{i=0}^{N-1} \frac{a_i}{2^{N-1-i}} = \frac{V_{cc}R_0}{2^{N-1}R_x} \sum_{i=0}^{N-1} a_i 2^i$$

其中,上述近似当 $R_x \gg R_0$ 时成立。此时,输出电平的近似计算公式为

$$V_o \approx \frac{0.5}{2^{N-1}} \sum_{i=0}^{N-1} a_i 2^i$$

图 9.2 所示为用面包板搭建的 DA 网络,由 3 个电阻构成。D2、D3、D4 引脚分别连接 $40\text{k}\Omega$、$20\text{k}\Omega$ 和 $10\text{k}\Omega$ 电阻,组成电阻网络。

图 9.2 三阶电阻 DA 网络实物连接图

程序 9.1 所示为 Arduino IDE 中的代码部分。程序设计思路是用 D2~D4 引脚作为数字信号输出,分别赋予从 000 到 111 共 8 组不同值,检查 DA 网络输出。

程序 9.1 DA 输出

```
void setup() {
  pinMode(2, OUTPUT);
  pinMode(3, OUTPUT);
  pinMode(4, OUTPUT);
}
```

```
void loop() {
  //输出第一个模拟电压 000
  digitalWrite(2,LOW);
  digitalWrite(3,LOW);
  digitalWrite(4,LOW);
  delay(50);
  digitalWrite(2,HIGH);
  digitalWrite(3,LOW);
  digitalWrite(4,LOW);
  delay(50);
  digitalWrite(2,LOW);
  digitalWrite(3,HIGH);
  digitalWrite(4,LOW);
  delay(50);
  digitalWrite(2,HIGH);
  digitalWrite(3,HIGH);
  digitalWrite(4,LOW);
  delay(50);
  digitalWrite(2,LOW);
  digitalWrite(3,LOW);
  digitalWrite(4,HIGH);
  delay(50);
  digitalWrite(2,HIGH);
  digitalWrite(3,LOW);
  digitalWrite(4,HIGH);
  delay(50);
  digitalWrite(2,LOW);
  digitalWrite(3,HIGH);
  digitalWrite(4,HIGH);
  delay(50);
  digitalWrite(2,HIGH);
  digitalWrite(3,HIGH);
  digitalWrite(4,HIGH);
  delay(50);
}
```

用示波器测量模拟输出信号波形,如图 9.3 所示。可见输出波形为 8 种不同幅度、电平逐渐升高的信号,证明电阻网络确实可以实现 DA 功能。

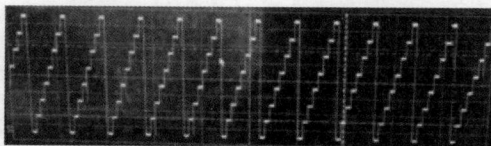

图 9.3 三阶电阻 DA 网络输出波形

9.2.3　扩展讨论

电阻网络可以用在要求精度不高、输出幅度较小的数模转换应用中。有兴趣的读者可以搜索相关资料,思考改进设计方案。

9.3　实战 9-2：用 DAR 模块实现 DA 功能

9.3.1　问题和目标

使用贴片电阻和运算放大器元件,设计一款基于电阻网络的 10 位电阻网络数模转换 DAR(Digital to Analog convertor using Resistors)模块,可以方便灵活地为 Arduino 扩展模拟信号输出功能。

本实战将解决的问题是用 DAR 模块为 Arduino 实现模拟信号输出功能。

本实战的目标是帮助读者掌握一种使用 DAR 模块实现 DA 功能的方法。

9.3.2　解决方案

DAR 模块由电阻网络和信号放大电路组成,如图 9.4 所示。本书设计的 DAR 模块为 10 阶的电阻网络,相比于实战 9-1 的 3 阶电阻网络,可以输出更高精度的模拟波形。

搭建实验平台,把 DAR 模块的 10 个引脚连接到 Nano 的 D2～D11 引脚,并且使用 Nano 的 5V 电源为 DAR 模块供电,如图 9.5 所示。

图 9.4　DAR 模块实物图

图 9.5　DAR 模块与 Nano 连接

代码设计如程序 9.2 所示,通过写入 Nano 的引脚寄存器实现输出三角波。

程序 9.2　用 DAR 模块输出三角波

```
//程序初始化
int period = 50;                            //设置周期,单位为 ms
double start_time;                          //记录上个点的输出时刻,单位为 ms
double time_between = period * 1000 / 2048;  //记录两点间隔时间,单位为 μs
void setup()
{
  DDRD = DDRD | B11111100;                  //设置数字引脚 7 到 2(BP7 到 BP12)为输出
  DDRB = DDRB | B00001111;                  //设置数字引脚 11 到 8(BP1 到 BP6)为输出
}
void loop()
{
  for (int i = 0; i < 1023; i++)            //输出上升部分
  {
    start_time = micros();
    while (micros() - start_time < time_between);  //条件延时
    writeDA(i);                             //输出点
  }
  for(int i = 1023; i >= 0; i--)            //输出下降部分
  {
    start_time = micros();
    while (micros() - start_time < time_between);
    writeDA(i);
  }
}
void writeDA(unsigned int data)             //写 DA 的子函数
{
  PORTD = (data << 2) | (PORTD & B00000011);  //把 data 的低 6 位写入 PORTD 的高 6 位
  PORTB = (data >> 6) | (PORTB & B11110000); //把 data 的高 4 位写入 PORTB 的低 4 位
  PORTC = PORTC | B00000001;                //用时钟上升沿控制 DA 锁存数据
  PORTC = PORTC & B11111110;                //用时钟上升沿控制 DA 输出模拟信号
}
```

用示波器测量模拟输出信号波形,如图 9.6 所示。可以看到,输出波形为标准的三角波信号,证明 DAR 模块确实可以实现高精度的 DA 功能。通过调节 DAR 的电位器可以放大或缩小输出信号的幅度,可根据负载需要选择合适的输出幅度。

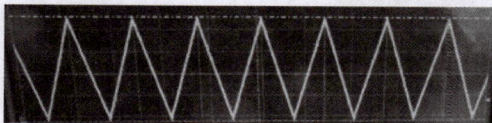

图 9.6　DAR 模块输出波形

9.3.3　扩展讨论

感兴趣的读者可以采购 DAR 模块，通过实验和原理图研究 DAR 模块的工作原理以及优化改进的设计方案。

9.4　实战 9-3：用 TI902 实现并行 DA 功能

9.4.1　问题和目标

本实战解决的问题是用 TI902 芯片为 Arduino 实现并行 DA 功能。

本实战的目标是为读者提供一种实现并行 DA 功能的方法。

9.4.2　解决方案

TI902 是德州仪器(Texas Instrument,TI)公司生产的数模转换芯片,它可以在时钟信号的控制下同步地将 12 位数字并行输入转换为一路模拟输出。TI902 具有高输出阻抗($200 \mathrm{k}\Omega$),可在$+2.7 \sim +5.5 \mathrm{V}$的宽电源范围内工作,具有较低功耗,适用于电池供电系统。TI902 共有 28 个引脚,具体引脚功能如表 9.1 所示。

表 9.1　TI902 引脚

引脚编号	简　　称	描　　　　述
1	Bit 1	Data Bit 1 (D11),二进制最高位
2	Bit 2	Data Bit 2 (D10)
3	Bit 3	Data Bit 3 (D9)
4	Bit 4	Data Bit 4 (D8)
5	Bit 5	Data Bit 5 (D7)
6	Bit 6	Data Bit 6 (D6)
7	Bit 7	Data Bit 7 (D5)
8	Bit 8	Data Bit 8 (D4)
9	Bit 9	Data Bit 9 (D3)
10	Bit 10	Data Bit 10 (D2)
11	Bit 11	Data Bit 11 (D1)
12	Bit 12	Data Bit 12 (D0),二进制最低位
13	NC	不连接
14	NC	不连接
15	PD	掉电工作模式,高电平有效
16	INT/EXT	内部/外部参考引脚
17	REF	参考输入/输出

引 脚 编 号	简 称	描 述
18	FSA	最大输出范围调整
19	BW	带宽/降噪引脚
20	AGND	模拟地
21	IOUT	补充 DAC 电流输出
22	IOUT	DAC 电流输出
23	BYP	旁路节点,通过 $0.1\mu F$ 电容接模拟地
24	+VA	模拟电压,2.7~5.5V
25	NC	不连接
26	DGND	数字地
27	+VD	数字电压,2.7~5.5V
28	CLK	时钟输入

　　图 9.7 所示为 TI902 的工作时序图。由图 9.7 可知,典型工作周期为 6ns,上升沿触发读取控制信号,下降沿开始根据控制信号输出模拟信号;稳定超过 2.5ns 的输入信号才是有效数据,且在上升沿到来前,数据需要保持至少 1ns,在上升沿到来后,数据需要保持 1.5ns。若不满足上述条件,控制信号即为无效信号,芯片不会响应。当芯片获得有效的输入信号,下降沿开始时,会先经过 1ns 的准备延时,再经过 30ns 的输出稳定时间后,输出稳定的模拟信号。

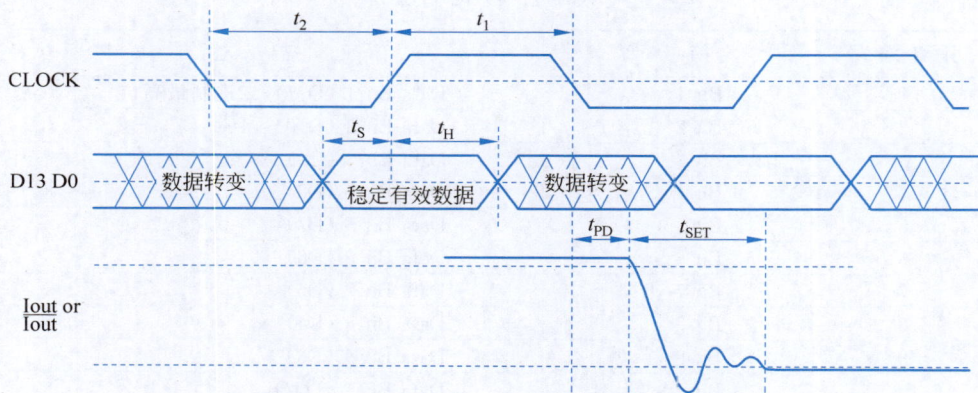

符号	描述	最小值	典型值	最大值	单位
t_1	时钟脉冲高电平时间		3.0		ns
t_2	时钟脉冲低电平时间		3.0		ns
t_S	数据建立时间		1.0		ns
t_H	数据保持时间		1.5		ns
t_{PD}	传播延迟时间		1		ns
t_{SET}	输出设置时间至0.1%		30.0		ns

图 9.7　TI902 的工作时序图

图 9.8 所示为一款集成 TI902 的 DAC 模块,它由 TI902 和电压反相器构成。模块供电电压为 5V,数字引脚电压为 3.3V,模拟输出范围为 $-5\sim+5$V。通过测量得到 DA 输出与数字信号输入的映射关系如表 9.2 所示。

图 9.8 集成 TI902 的 DAC 模块

表 9.2 DA 输出与数字信号输入映射

DA 输出	数字信号输入
-1.068V	1111 1111
0.972V	0000 0000

Nano 使用 USB 接口供电,Nano 与模块间使用杜邦线连接。将 Nano 的 5V 引脚与 TI902 模块的 5V 引脚相连,Nano 的 GND 引脚与模块的 GND 引脚相连。Nano 的 A0 引脚作为时钟信号的输出端,与 TI902 模块的 CLK 引脚相连。其余皆为数字信号引脚,即将 Nano 的 D2~D13 引脚与 TI902 模块的 B1~B12 引脚相连。

程序 9.3 所示为代码部分。程序的设计思路是,使用 16 比特的数字信号 data,依次存储锯齿波和正弦波;然后用 writeDA()函数将 data 转换为模拟信号输出。

程序 9.3 TI902 的 DA 输出

```
void writeDA(unsigned int data)
{
 PORTD = (data << 2) | (PORTD & B00000011);        //把 data 的低 6 位写入 PORTD 的高 6 位
 PORTB = (data >> 6) | (PORTB & B11000000) ;       //把 data 的高 6 位写入 PORTB 的高 6 位
 PORTC = PORTC | B00000001;                        //用时钟上升沿控制 DA 锁存数据
 PORTC = PORTC & B11111110;                        //用时钟下降沿控制 DA 输出
}

void setup() {
```

```
    DDRD = DDRD | B11111100;    //设置数字引脚 7 到 2(BP7 到 BP12)为输出
    DDRB = DDRB | B00111111;    //设置数字引脚 13 到 8(BP1 到 BP6)为输出
    DDRC = DDRC | B00000001;    //设置数字引脚 14 = CLK 为输出
}

void loop() {
  float phase;
  //输出锯齿波,phase = 0 -> 1.6V, phase = 4095 -> -1V
  for(phase = 0; phase <= 4095; phase += 20)
  {  writeDA( (unsigned int) phase);  }
  //输出正弦波,phase = 0 -> 2048 -> 0V, 根据 2048 * sin(phase)的数字输入在 0V 上下波动
  for(phase = 0; phase <= 6.28; phase += 0.1)
  {  writeDA( 2048 * (1 + sin(phase)));  }
}
```

用示波器测量模拟输出信号波形,如图 9.9 所示。可以看出,输出波形为锯齿波与正弦波交替出现的信号。实验结果表明成功地将数字信号转换为模拟信号输出。

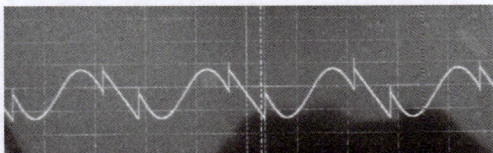

图 9.9　示波器输出结果

9.4.3　扩展讨论

在使用并行 DAC 模块时,一定要正确理解模块硬件引脚中每位与 Arduino 内部数字信号位的对应关系。例如,DAC 模块的 B1 引脚对应 Arduino 内部存储数字信号 data 的最高有效位(Most Significant Bit,MSB),因此编程时应根据 data&2048 的数值决定 B1 引脚的电平。如果 data&2048＝1,代表 B1 应为高电平,否则应设置 B1 为低电平。

感兴趣的读者可以搜索 TI902 的资料,深入研究使用它输出模拟波形的功能。

9.5　实战 9-4:用 PCF8591 实现串行 DA 功能

9.5.1　问题和目标

本实战解决的问题是用 PCF8591 模块为 Arduino 实现串行 DA 功能。
本实战的目标是为读者提供一种实现串行 DA 的设计方法。

9.5.2 解决方案

PCF8591 是常用的数模/模数转换芯片之一。它是一个单电源低功耗的 8 位 CMOS 数据采集器件,具有 4 路模拟输出和一个串行 I2C 总线接口与单片机通信。

PCF8591 的通信接口是 I2C,所以编程也要符合 I2C 协议。首先要对 PCF8591 进行初始化,一共需要发送 3 字节。第 1 字节为器件地址字节,其中 7 位代表地址,最后 1 位代表读写方向。地址的高 4 位固定为 1001,低 3 位是 A2、A1、A0,这 3 位通常在电路上都接地,也就是 000,如图 9.10 所示。

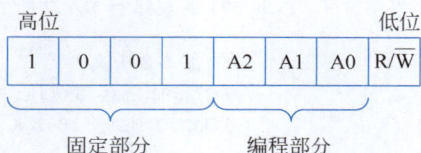

高位   低位

| 1 | 0 | 0 | 1 | A2 | A1 | A0 | R/$\overline{\text{W}}$ |

固定部分   编程部分

图 9.10 PCF8591 器件地址字节

第 2 字节为器件功能控制字节,被存储在控制寄存器。其中第 3 位和第 7 位固定为 0。第 6 位是 DA 使能位,置 1 表示 DA 输出引脚使能,会产生模拟电压输出功能。第 4 位和第 5 位可以实现把 PCF8591 的 4 路模拟输入配置成单端模式和差分模式,是配置 AD 输入方式的控制位。第 2 位是自动增量控制位,用于控制自动读取多个通道的值。

第 3 字节为 DA 数据寄存器,表示模拟输出的电压值。其原理类似于电阻阵列,可以根据寄存器的值获得相应的电压。

图 9.11 所示为一款集成 PCF8591 的 DAC 模块,该模块为单电源 3.3~5V 供电。输入数字比特与模拟电压的映射关系如表 9.3 所示。

图 9.11 集成 PCF8591 的 DAC 模块

表 9.3　输入数字比特与模拟电压的映射关系

数 字 输 入	模 拟 输 出
0000 0000	48mV
1111 1111	3.912V

　　由于 PCF8591 芯片采用 I2C 协议,所以 SCL 和 SDA 接口分别连接 Nano 的 A4 和 A5 引脚,输出端为左侧的 AOUT,其余 4 个 AIN 接口为模数转换,不需要连接。

　　程序的设计思路是生成一个逐渐升高的数字信号,转换为锯齿波模拟信号。

程序 9.4　PCF8591 实现串行 DA 功能

```
# include < Wire.h >                          //包含 I2C 头文件
# define VREF 4400                            //PCF8591 的参考电压,单位为 mV
# define PCFADDRESS 0x48                      //PCF8591 地址: 1001_A2_A1_A0_X, X = 1 为读,X = 0 为写
void setup(){
  Wire.begin();
}


byte DAout;
void loop()
{
  float ADsense;
  float mVal;
  writeDA_PCF8591(DAout); mVal = ((float)DAout) * VREF/255.0;
  DAout = DAout + 1;

  ADsense = readAD_PCF8591(2);               //读取通道 2 的 AD 数据
  mVal = ADsense * VREF/255.0;
  delay(10);
}


byte writeDA_PCF8591(byte data)              //向 PCF8591 芯片写入 DA 转换数据
{
  Wire.beginTransmission(PCFADDRESS);        //发送 I2C 起始信号和地址,并设置为写入模式
  Wire.write(0x40);                          //发送控制字节,激活 DA 功能
  Wire.write(data);                          //发送 8 位的数据用作数模转换
  Wire.endTransmission();                    //发送 I2C 终止信号
}


byte readAD_PCF8591(byte channel)            //向 PCF8591 芯片读出 channel( = 0,1,2,3)的 AD 转换数据
{
```

```
byte data;
Wire.beginTransmission(PCFADDRESS);    //发送 I2C 起始信号和地址,并设置为写入模式
Wire.write(0x40|channel);              //发送控制字节,保持 DA 输出,并选择 ADchannel
Wire.endTransmission();                //发送 I2C 终止信号
Wire.requestFrom(PCFADDRESS,1);        //发送 I2C 起始信号和地址并设置为读出模式
while(Wire.available() == 0);
data = Wire.read();
return data;
}
```

用示波器测量模拟输出信号波形,如图 9.12 所示。输出信号不断上升,但在顶部有部分截断现象,这可能是由于电源供电不足导致。可见,程序确实能够使 PCF8591 实现模拟波形输出功能。

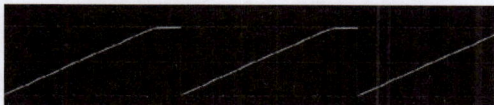

图 9.12　PCF8591 输出波形

9.5.3　扩展讨论

感兴趣的读者可以搜索 PCF8591 的数据手册,深入研究进行串行数模转换的方法。

本章小结

本章通过多个实战,介绍使用电阻网络、DAR 模块、DAC 模块等扩展模拟信号输出的应用。

感兴趣的读者可以搜索资料,完成以下拓展练习,深入研究扩展 DA 输出功能的设计方法。

拓展练习

(1) 设计实验方法,研究怎样测量各种数模转换的带宽、精度、速率等性能。

(2) 思考一种使用数模转换功能的应用,设计样机并测试性能。

综 合 篇

第 10 章

Arduino 与 PC 协同设计

10.1　Arduino 与 PC 协同的 UART 通信功能

　　Arduino 的串口通信功能很强大,而且相对于其他工具,如 ARM、51 或 FPGA,Arduino 的串口通信编程非常简单,容易上手。因此,很多开发者都喜欢在初次拿到 Arduino 开发板后,就简单地编写串口通信语句,测试开发板是否工作正常,如实战 2-1。

　　在 Nano 上,印刷名称为 RXD 和 TXD 的引脚支持符合通用异步接收发送设备 (Universal Asynchronous Receiver/Transmitter,UART)协议的串口通信,分别能够从外部设备接收数据和向外部设备发送数据。这些引脚已经连接到开发板自带的 FTDI 系列的 USB 转接芯片的相应引脚上。在连接 PC 和 Nano 后,Nano 可以与 PC 端的 Arduino IDE 开发软件的串口监视器或任意支持串口通信的软件(如串口调试助手或 MATLAB 的串口通信接口等)相互通信。

　　在大量的工程应用中,可以把 Arduino 作为读取其他传感器或设备数据的下位机,制定通信协议使 Arduino 从串口向 PC 发送文本信息或内部数据,或通过串口从 PC 接收控制指令等。PC 端软件作为上位机,读取串口发来的文本信息或数据后,处理并显示出来。上述功能能够应用在调试纠错、交互控制、数据采集等众多领域。

　　本章将通过实战讲述从 Arduino 向 PC 发送文本信息、字符编码数据、二进制编码数据,或接收 PC 发送来的字符等。

　　UART 是一种支持全双工的异步通信通用串行总线,通常用于电子设备之间的低成本通信。

　　UART 使用两个专用引脚(TXD 和 RXD)进行串行通信,如图 10.1 所示。其中,TXD 是串行发送引脚,RXD 是串行接收引脚,GND 是设备的参考地。设备之间的通信需要一致的基准电平,所以将两设备 GND 相互连接。设备 1 的 TXD 连接设备 2 的

RXD,设备 2 的 TXD 连接设备 1 的 RXD,由此建立两设备间的全双工通信通道。

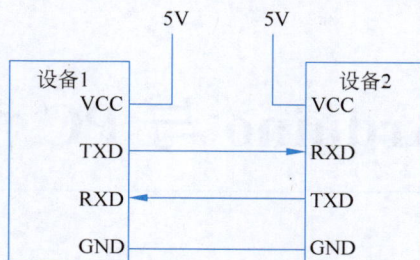

图 10.1　UART 通信

首先需要约定通信传输速率,即设备双方设定共同的波特率,目的是明确通信双方每个码元的持续时间。其中,波特率的单位是 Baud,代表码元传输速率,每个码元的持续时间为波特率的倒数。

UART 通信中每字节占用 8 位,并在每字节前加一位起始位,末尾加一位终止位。UART 通信时序图如图 10.2 所示,在无数据传输时,通信线路将保持高电平。当需要发送数据时,发送设备在 TXD 引脚发送一位 0 表示起始位,然后由低位到高位发送该字节数据。数据发送完成后再发一位 1 表示终止位,即每发送一字节的数据共需要发送 10位。对于接收方,一旦在 RXD 引脚检测到低电平即开始接收数据,当检测到终止位后,就开始准备下一字节数据的接收。

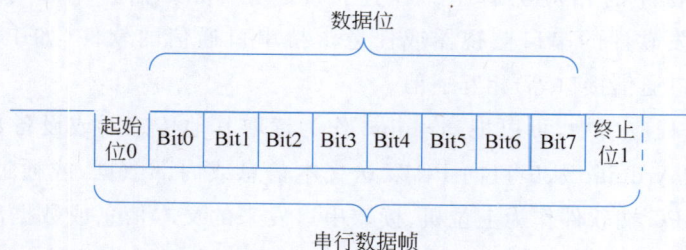

图 10.2　UART 通信时序图

10.2　实战 10-1:用 Serial.println() 函数向 PC 发送文本信息

10.2.1　问题和目标

本实战要解决的问题是用 Arduino 串口向 PC 发送文本信息。

本实战的目标是为读者提供一种用 Arduino 串口向 PC 发送文本信息的方法。

10.2.2　解决方案

本实战考虑一种基于按键控制 Nano 工作的应用场景,该按键的一端与 Nano 的数字引脚 2 连接,另一端连接到 GND,如图 10.3 所示。通过 Arduino IDE 编程使 Nano 读取按键状态后,向 PC 的串口监视器发送按键状态。

图 10.3　基于按键控制的 Nano 工作场景

具体代码如程序 10.1 所示。程序中使用的关键函数如下。

(1) Serial. begin():用来设置 Serial 的波特率。

(2) Serial. print():用来把各种类型的输入参数(包括字符型、整型、浮点型等)转换为字符串后,通过串口发送。

(3) Serial. println():用来把各种类型的输入参数(包括字符型、整型、浮点型等)转换为字符串后,在字符串的最后添加换行符,并通过串口发送。

程序 10.1　读取按键状态后发送到 PC 的串口监视器

```
int pushButton = 2;                        // 设置按键引脚
void setup() {                             // 初始化设置
  Serial.begin(9600);                      // 设置串口波特率
  pinMode(pushButton, INPUT_PULLUP);       // 设置按键引脚为输入模式,激活上拉电阻
}
void loop() {
  int buttonState = digitalRead(pushButton);  // 读出输入引脚
  if(buttonState == 0)                        // 打印按键状态,低电平为按下,高电平为释放
    Serial.print("状态 1: "); Serial.println("按下");
```

```
    else
        Serial.print("状态 2: "); Serial.println("释放");
    delay(500); // 每 0.5s 读取一次状态
}
```

读者可以用 Arduino IDE 开发软件建立工程，输入上述程序，编译并下载到开发板中测试程序。如图 10.4 所示，当按下按键时，串口监视器显示"状态 1：按下"；当松开按键时，串口监视器显示"状态 2：释放"。

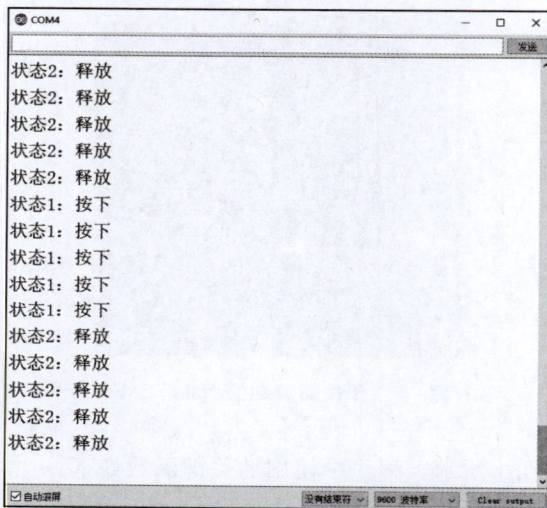

图 10.4 显示按键状态

10.2.3 扩展讨论

中文打印与显示需要较新版本的 Arduino IDE，此处使用的版本是 Arduino 1.8.5。采用串口向 PC 发送文本信息具有广泛的应用场景，读者可以在应用实践中深入体会。

10.3 实战 10-2：用 Serial.println()函数向 PC 发送字符编码数据

10.3.1 问题和目标

实战 10-1 使用 Arduino 向 PC 发送的是文本信息。在实际应用中，经常需要使用 Arduino 把内部数据发送给 PC。如果发送数据的主要目的是方便设计者进行调试，最直观的数据编码方式是字符编码方法。也就是说,把数据的每个位对应的显示字符,依次发送出来。例如,如果要发送十进制数据110,可以依次发送显示字符1、1、0。这样设计者可以直观快速地读取数据值。

本实战要解决的问题是从 Arduino 向 PC 发送字符编码数据。

本实战的目标是为读者提供一种从 Arduino 向 PC 发送字符编码数据的方法,方便实验调试。

10.3.2 解决方案

直接用 USB 电缆连接 PC 和 Nano,并且在 Arduino IDE 中输入以下程序。

程序 10.2 Arduino 向 PC 发送字符编码数据

```
void setup() {
    Serial.begin(9600);          //初始化设置串口波特率
}
void loop() {
    int val = analogRead(A0);    //从 AD 引脚 A0 读取整型数据 val
    Serial.println("start");
    Serial.println(val);         //向串口发送默认格式的 val
    Serial.println(val,DEC);     //发送 val 的十进制字符编码
    Serial.println(val,BIN);     //发送 val 的二进制字符编码
    Serial.println(val,OCT);     //发送 val 的八进制字符编码
    Serial.println(val,HEX);     //发送 val 的十六进制字符编码
    delay(1000);
}
```

打开串口监视器,可以观察到如图 10.5 所示的结果。显示结果可以解释如下。

(1) val 的十进制值是 716,它的字符编码是 716。Serial.println(val)和 Serial.println(val,DEC)函数输出的都是以上字符编码。

(2) val 的二进制值是 1011001100,对应的字符编码是 1011001100。Serial.println(val,BIN)函数输出的就是以上字符编码。

(3) val 的八进制值是 1314,对应的字符编码是 1314。Serial.println(val,OCT)函数输出的是以上字符编码。

(4) val 的十六进制值是 2CC,对应的字符编码是 2CC,正好对应 Serial.println(val,HEX)的输出。

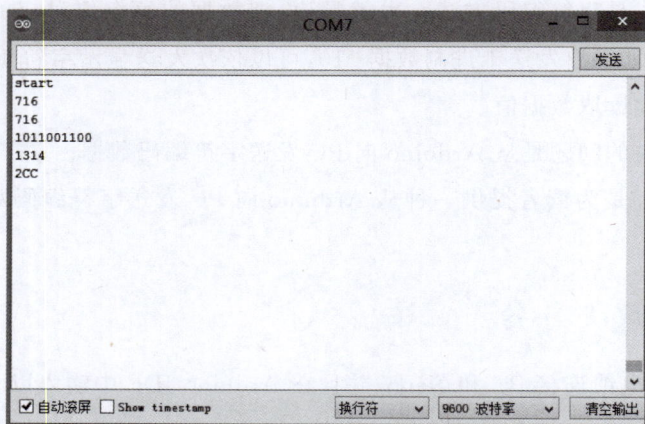

图10.5 串口监视器输出字符编码

10.3.3 扩展讨论

本实战介绍了数据的一种广泛常用的字符编码方式。在 Arduino 中,使用 Serial. println(val,FORMAT)函数(其中,FORMAT={DEC,BIN,OCT,HEX})就可以把数据先转换为不同进制形式,然后把对应的字符编码用串口输出给 PC。使用字符编码方式,最大的好处是能够直观、方便地显示数字,使设计者能够立即识别数据值。

10.4 实战 10-3:用 Serial. write()函数向 PC 发送二进制数据

10.4.1 问题和目标

实战 10-3 使用 Arduino 向 PC 发送的是字符编码数据。在实际应用中,为了提高传输效率,需要向 PC 发送二进制数据。例如,如果调用 Serial. println(40),Arduino 实际向 PC 发送两个字符 4 和 0 的 ASCII 码,需要消耗发送 2 字节的时间。

但是,如果能够直接发送 40 的二进制形式,只需发送 1 字节长度的二进制码,消耗发送 1 字节的时间。可见效率提升。

本实战要解决的问题是从 Arduino 向 PC 发送二进制数据。

本实战的目标是为读者提供一种从 Arduino 向 PC 发送二进制数据的方法,从而提高传输效率。

10.4.2　解决方案

通过 Arduino 向 PC 发送一组十进制数字,然后在 PC 端观察收到的数据。读者可以用 Arduino IDE 建立工程,输入以下程序,编译并下载到开发板中测试程序。

程序 10.3　Arduino 向 PC 发送二进制数据

```
void setup() {
  Serial.begin(9600);          //初始化设置串口波特率
}
void loop() {
  for(int i = 255; i < 257; i++)
  {
    Serial.write(i);           //向串口写入整型变量 i
  }
  Serial.println();            //写入换行
  delay(1000);                 //延时 1s
}
```

程序实现的功能是使用 Serial.write()函数向 PC 串口发送整数 255、256;然后用 Serial.println()函数打印换行符。打开串口监视器,会发现输出结果如图 10.6 所示,不能正确显示整数值。这是因为串口监视器只能把收到的每字节数据按照 ASCII 码形式转换为字符后显示。由于 255、256 在 ASCII 码表中没有定义对应的显示字符,因此无法正常显示。

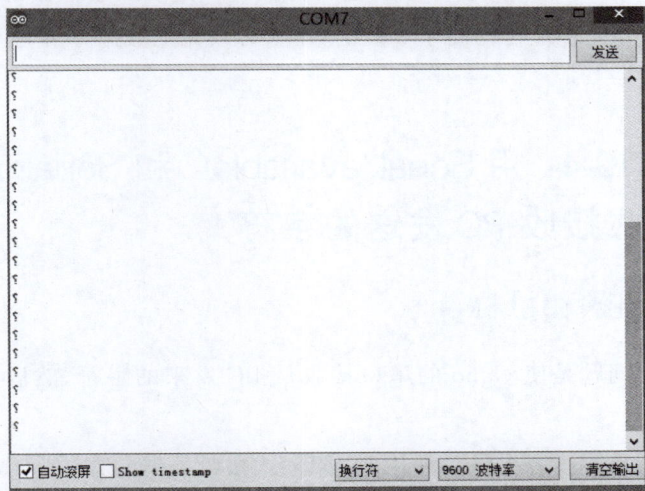

图 10.6　不能正确显示整数值

如图10.7所示,使用串口调试助手软件,可以观察到串口输出的二进制数据是FF、00、0D、0A。其中,0xFF代表255对应的二进制数据;256对应发送的二进制数据是0x00,说明Serial.write(256)函数实际上截取了256的低8位后,向串口发送;Serial.println()函数实际上先发送了回车符对应的二进制数据0D,后发送换行符对应的二进制数据0A。

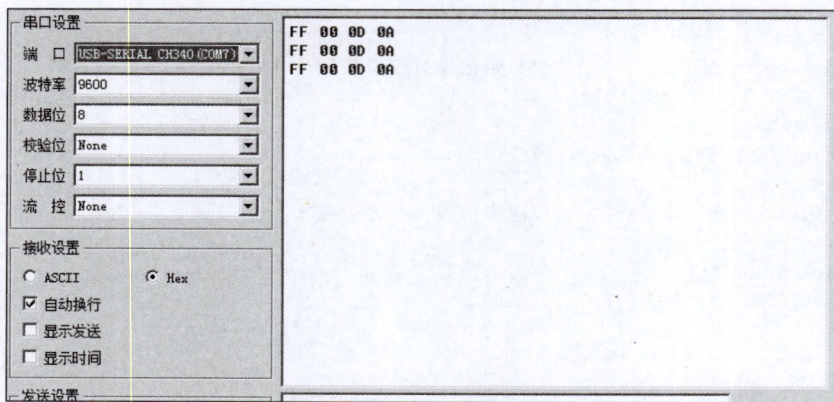

图10.7 串口调试助手的显示结果

10.4.3 扩展讨论

本实战揭示了Serial.write()函数的重要特性——截取发送数据的二进制形式的低8位后发送。如果要完整地传输高于8位的数据,必须先把数据分解为不同字节后,依次发送出去。

10.5 实战10-4:用Serial.available()和Serial.read()函数阻塞式接收PC发送的字符

10.5.1 问题和目标

本实战解决的问题是使Nano的串口接收从PC发来的字符,然后根据该数据点亮或熄灭板载LED。

本实战的目标是为读者提供一种从PC阻塞式接收数据的方法。

10.5.2　解决方案

外部器件通过串口发送至 Arduino 的数据,首先会存储在 Arduino 的串口缓冲区。串口缓冲区一般放置尚未读取的字符,默认只接收 64B 的数据,Arduino 会将之后接收到的数据丢弃。

怎样判断外部器件已经将数据发送至缓冲区? Arduino 提供了 Serial. available()函数,功能是获取可从串口读取的字节数。如果数据尚未到达缓冲区,Serial. available()函数会返回 0。当 Serial. available()函数返回值大于 0 时,就可以开始读取数据了,一般使用 Serial. available()> 0 判断是否可以读取数据。

当数据准备好之后,使用 Serial. read()函数读取获得的字符。Serial. read()函数的功能是读取一字节的数据,每次使用 Serial. read()函数时,不仅读取了缓冲区的相关内容,同时更新了缓冲区。例如,外部系统向缓冲区发送了字符串 Arduino,如果没有超出缓冲区的大小限制的字符继续读入,该字符串会一直存在。当使用 Serial. read()函数读取字符时,获得的字符是 A,同时缓冲区里的内容更新为 rduino,这样就不会导致读取出现重复的错误。如果需要保留缓冲区中已被读取过的字符,可以使用 Serial. peek()函数,它不会对字符串缓冲区造成影响,即重复使用 Serial. peek()函数,查出来的字符是一样的。

本实战设计了一个案例,用 PC 通过串口发送 A 字符,命令 Nano 点亮 LED;发送其他字符,命令 Nano 关闭 LED。直接用 USB 线缆将 PC 和 Nano 连接起来就可以完成硬件平台的搭建。

程序代码如下。在 loop()函数部分,对串口缓冲区进行不间断的监测。当串口有数据读入时,以字符串格式读取串口缓冲区中的内容,然后对串口内容进行判断。当读取到 A 时,LED 置高电平,此时板载 LED 点亮;当读取到其他字符时,LED 置低电平,板载 LED 熄灭。

程序 10.4　Arduino 从 PC 接收命令控制板载 LED

```
int LED = 13;
char Sread;
void setup() {
  Serial.begin(9600);
  pinMode(LED, OUTPUT);          // 设置 LED 引脚为输出模式
}
```

```
void loop() {
  if(Serial.available()){
     Sread = Serial.read();
     Serial.print("接收到的字符是:"); Serial.println(Sread);
     if (Sread == 'A'){
        digitalWrite(LED,HIGH);
        Serial.println("打开 LED");
     }else {
        digitalWrite(LED,LOW);
        Serial.println("关闭 LED");
     }
  }
}
```

　　读者可以用 Arduino IDE 建立工程,输入上述程序,编译并下载到开发板中测试程序。通过串口发送字符控制 LED,如图 10.8 所示,可以在串口监视器的命令输入框中输入要从 PC 端发送的数据。

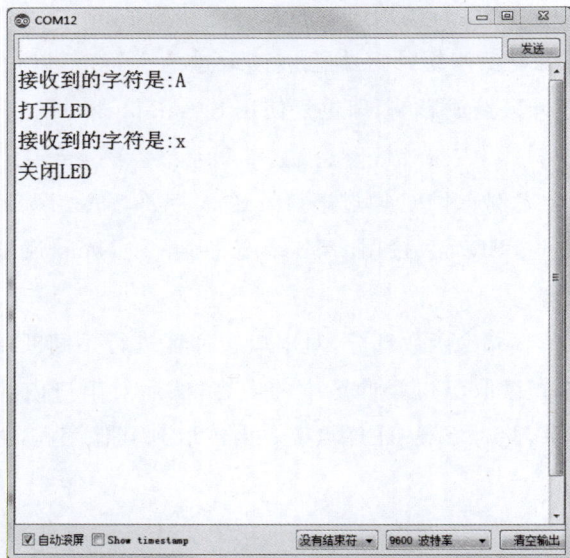

图 10.8　通过串口发送字符控制 LED

　　当向串口发送字符 A 时,Nano 正确接收并点亮 LED;当向串口发送其他字符时,Nano 正确接收并熄灭 LED,结果与实验设置相同。特别需要注意的是,如果使用 Arduino IDE 自带的串口监视器,一定要在右下角选择"没有结束符",如图 10.8 所示,否则会连带输入其他非必要、意料之外的字符,造成程序判断错误。例如,选择了默认的"换行符",会在发送字符之后自动发送一个换行符,Nano会打开又立刻关闭LED,错误结果如图10.9所示。

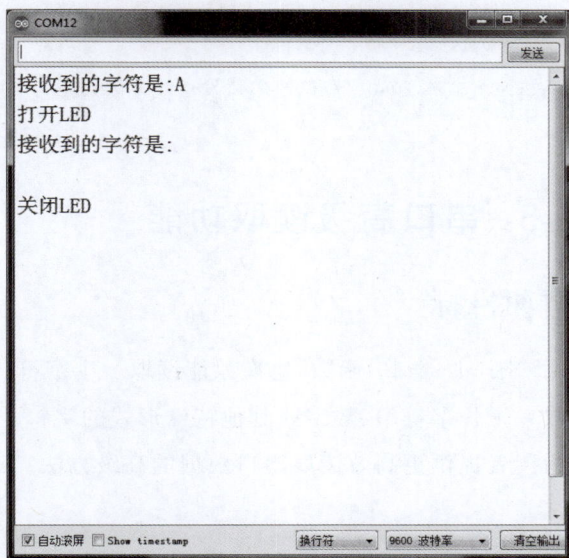

图 10.9　换行符设置错误结果

10.5.3　扩展讨论

在使用Arduino和传感器进行电子设计时,常常使用串口将它们连接。一些传感器,如激光测距传感器,串口的工作模式为一旦传感器正确连接电源,就循环向串口以115200的波特率发送数据。这种情况下,如果先启动传感器,Arduino将会无法正常工作。这是由于Arduino的启动速度慢于传感器,而传感器向串口发送的信号会导致Arduino认为当前正在烧写程序,从而不能正常工作。为了避免这种情况,需要断开传感器和Arduino的连接,先启动Arduino,才能使Arduino正常工作。

在有些Arduino应用中,会长时间使用Arduino监测某些传感器的数据。为了满足实验要求,时长会长达24小时,甚至48小时。监测时间较短时,Arduino会正常工作;监测时间较长时,Arduino IDE很可能会崩溃,需要断开Arduino的连接并重连才能恢复正常工作,严重影响了实验的效率和Arduino的可用性。这种情况下,推荐使用第三方串口监视器。此外,建议使用搭载工业级USB转串口芯片的拓展板,以实现长时间监控串口数据。

由于串口接收缓冲区默认只有 64 字节长度,Arduino 会将接收到的超过长度的数据丢弃。如果需要修改缓冲区长度,可以在 HardwareSerial.h 文件中修改,如把原缓冲区大小修改为

```
#define SERIAL_RX_BUFFER_SIZE 2048    //修改串口发送缓冲区大小为 2048
```

10.6 实战 10-5:串口高级读取功能

10.6.1 问题和目标

实战 10-4 中使用了 Serial.read()函数,每次只能读取一个字符。本实战要解决的问题是从串口一次性读取一个长字符串、数字或其他特殊形式的字符。

本实战的目标是为读者提供更高效读取串口数据的高级方法。

10.6.2 解决方案

除了读字符函数 Serial.read(),Arduino 还提供了读字符串、数字和特定分隔字符前字符串的函数,如表 10.1 所示。

表 10.1 读串口的高级函数总结

函 数 名	功 能
Serial.available()	输出串口接收缓冲区中未读取的字节数量
Serial.read()	从串口缓冲区读取一字节的数据后,删除该数据,返回输出
Serial.peek()	同 Serial.read(),但不改变缓冲区的内容
Serial.readString()	从串口接收缓冲区读取全部未读字节,形成一个字符串,返回输出
Serial.parseInt()	从串口接收缓冲区提取第一个整型变量后返回输出
Serial.readStringUntil()	函数输入参量为一个 char 型变量代表分隔符。 从串口接收缓冲区读从起始数据开始到分隔符前的所有字符,形成一个字符串,返回输出。 如果没有输入参量,功能同 Serial.readString()

假设串口缓冲区中的数据为 abc.123.ccc,使用上述函数得到的结果如表 10.2 所示。

表 10.2　读串口函数的输出结果

函 数 名	输 出 结 果
Serial. available()	11
Serial. read ()	a
Serial. peek()	a
Serial. readString()	abc. 123. ccc
Serial. parseInt()	123
Serial. readStringUntil('. ')	abc

各个读串口函数消耗的时间是不同的,如表 10.3 所示。

表 10.3　读串口函数的消耗时间

函 数 名	实 时 性
Serial. read ()	很快
Serial. readString()	等 1s 后读取接收缓冲区中全部字节
Serial. readStringUntil()	有分隔符时很快,无分隔符时程序会等待 1s
Serial. parseInt()	有数值时很快,无数值时程序会等待 1s

使用串口监视器时,必须注意在向 Arduino 发送数据时,要在右下角选择"没有结束符",否则读取的字符将包含一个换行符,进行字符判断时会造成错误。设计一个程序,用来接收一个字符串,并判断是否与预设字符串 Arduino 相同,如下所示。

程序 10.5　字符串判断

```
String Sread;
void setup() {
  Serial.begin(9600);
}
void loop() {
  if(Serial.available()){
    Sread = Serial.readString();
    Serial.print("接收到的字符串是:");
    Serial.println(Sread);
    if (Sread == "Arduino"){
      Serial.print("接收到的字符串与 Arduino 相同");
    }else{
      Serial.print("接收到的字符串与 Arduino 不同");
    }
  }
}
```

选择"没有结束符"和没有选择"没有结束符"的程序结果如图 10.10 所示。这说明如果要判断某字符串是否与另一个相同,一定要注意末尾的换行符。

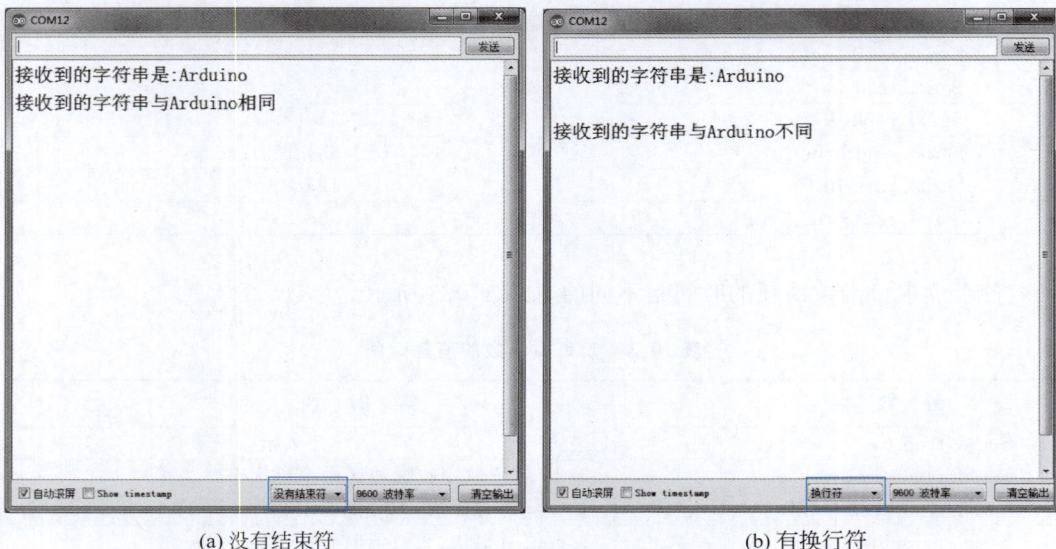

(a) 没有结束符   (b) 有换行符

图 10.10   不同换行符设置的执行结果

10.6.3   扩展讨论

读串口数据时,可能需要经历长时间的等待。这时可以使用 Serial. setTimeout() 函数设置等待读取串口缓冲区数据的最大毫秒数。如果读取一个字符串需要等待 3s,这时调用 Serial. setTimeout(3000),就可以正确读取数据了。

其他平台,如 MATLAB,也能通过 fscanf 命令读取串口。但是 MATLAB 的 fscanf 命令在读取串口时,一旦遇到换行符,就会读取换行符之前的字符串,并退出 fscanf 命令,不会一次读取串口缓存区中的所有数据。但 Serial. readString() 函数会一次读取串口缓存区中的所有数据。

10.7   实战 10-6:用 serialEvent() 函数并发式接收 PC 发送的数据

10.7.1   问题和目标

本章前面的实战都会导致 Arduino 阻塞式等待 PC 发送的数据。本实战将解决的问题是使 Arduino 在不造成阻塞的情况下并发式接收串口数据。

本实战的目标是为读者提供使用 serialEvent() 函数并发式接收 PC 发送的数据的方法。

10.7.2　解决方案

Arduino 专门为串口提供了 serialEvent() 函数。serialEvent() 是一个系统定义的函数,会在 loop() 函数之后被自动调用。在程序 2.4 中,serialEventRun() 函数调用的就是 serialEvent() 函数。

实验平台的搭建很简单,直接用 USB 电缆连接 PC 和 Nano 即可。程序 10.6 的功能是通过串口监视器的命令行输入 ON 或 OFF 控制板载 LED 的亮或灭。

程序 10.6　serialEvent()函数串口控制代码

```
// 定义引脚名称
int LED = 13;
void setup() {
  Serial.begin(9600);
  pinMode(LED, OUTPUT);               // 设置 LED 引脚为输出模式
}
void loop() {
}
void serialEvent() {
  String Sread = Serial.readString();   // 读取串口数据
  Serial.print("接收到的字符串是:");
  Serial.println(Sread);
  if (Sread == "ON"){
    digitalWrite(LED,HIGH);
    Serial.println("打开 LED");
  }
  if (Sread == "OFF"){
    digitalWrite(LED,LOW);
    Serial.println("关闭 LED");
  }
}
```

程序 10.6 中 loop() 函数部分空置,表示正常状态下系统不进行任何操作。当串口有数据读入时,系统触发产生串口事件并执行 serialEvent() 函数中的语句。串口监视器显示结果如图 10.11 所示,表明 serialEvent() 函数可以正确执行操作。

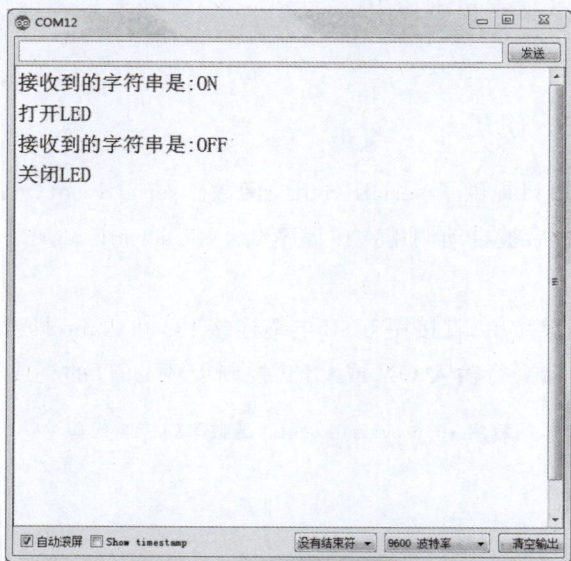

图 10.11 serialEvent( )函数功能演示

10.7.3 扩展讨论

使用 serialEvent( )函数的优势是,系统可以避免对串口接收状态进行阻塞式访问监测。在检测到串口缓冲区接收到数据后,serialEvent( )函数才被自动调用,使系统在 loop( )函数保持执行的同时,可以并行地运行 serialEvent( )函数中的代码。

感兴趣的读者,可以参考官网资料(https://www.arduino.cc/reference/en/language/functions/communication/serial/),深入研究串口 Serial 的设计方法。

10.8 实战 10-7:用 SoftwareSerial 实现软串口通信

10.8.1 问题和目标

在实际应用需求中,可能面临需要使用 Arduino 多个串口与外接设备交互的情况。然而,Arduino 内部只有一个硬件串口,称为 HardwareSerial,芯片内部集成有该串口的硬件电路,对应的引脚印刷名称分别是 TXD 和 RXD。前面介绍的技术都是针对该硬件产品的使用方法。

实际上,Arduino 除了自带的串口之外,还可以调用 SoftwareSerial 函数库,将其他数字引脚模拟成串口引脚进行串行通信。

本实战要解决的问题是用 SoftwareSerial 函数库实现软串口通信功能。

本实战的目标是为读者提供一种实现软件模拟串口通信的方法。

10.8.2　解决方案

硬件平台搭建如图 10.12 所示,主机为 Uno,从机为 Nano。主机与 PC 通过串口连接,主机软串口 TX、RX 与从机串口的 TX、RX 对应连接,从机由主机供电。具体连接如表 10.4 所示。

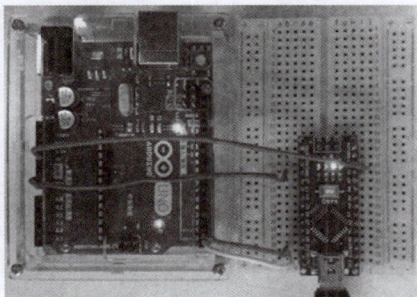

图 10.12　SoftwareSerial 硬件平台搭建

表 10.4　主、从机连接对照

主 机 软 串 口	从 机 串 口
引脚 10(RX)	引脚 1(TX)
引脚 11(TX)	引脚 0(RX)

程序 10.7 与程序 10.8 分别为主机代码和从机代码,详细解释已标注在程序中。调用的关键函数总结在表 10.5 中。

程序 10.7　主机 SoftwareSerial 程序

```
#include <SoftwareSerial.h>        //包含头文件
SoftwareSerial my(10, 11);         //生成软串口 my,分配(RX,TX)引脚
void setup() {
  Serial.begin(9600);             //设置硬串口通信速率
  my.begin(57600);                //设置软串口通信速率
  my.write("Hello manager");
}
void loop() {
```

```
  if (my.available()) {
    Serial.print(my.readString());         //读取并显示从软串口输入的内容
  }
}
```

程序 10.8   从机 SoftwareSerial 程序

```
void setup() {
  Serial.begin(57600);          //初始化串口通信速率,与主机软串口速率匹配
}
void loop() {
}
void serialEvent() {
    Serial.print(Serial.readString());
    Serial.print(":ack");
    Serial.write("\n");
}
```

表 10.5   SoftwareSerial 函数总结

函 数 名	功 能	程序内输入	程序内输出
SoftwareSerial Name (RX,TX)	定义软串口 Name 及引脚号	RX 与 TX 的引脚号	无
Name. begin()	配置软串口的通信速率	波特率	无
Name. available()	返回软串口接收的未读字节数	无	当前软串口接收的字节数
Name. read()	读取软串口接收的字节	无	读取的字节
Name. write()	向软串口发送数据	所需发送数据或字符串	发送的字节数

程序 10.7 和程序 10.8 实现的功能是,主机在初始化时向从机发送指令 Hello manager,并将从机接收到的 ack 响应输出在串口监视器中。其中,主机使用软串口需要加载头文件< SoftwareSerial. h >,然后需要使用 SoftwareSerial()函数定义软串口名称 my,并配置软串口引脚(RX=10,TX=11)。主机的硬串口与 PC 通信,软串口与从机通信,软串口通信速率应与从机的保持一致。

主机串口监视器的运行结果如图 10.13 所示。可见,主机软串口和从机硬串口确实可以正常通信。

COM4　　　　　　　　　　　　　　　　　　　　—　□　×

发送

Hello manager:ack

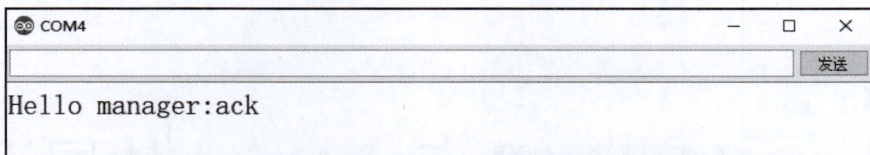

图 10.13　主机串口监视器的运行结果

10.8.3　扩展讨论

SoftwareSerial 函数的用法与 Serial 函数类似,区别在于软串口的函数格式为 name. function(),串口函数格式为 Serial.function()。软串口对通信速率有一定的要求,波特率不能超过 57600,超过这个速率的通信无法被建立。另外,不能使用 13 引脚作为 RX。

感兴趣的读者可以参考官网资料(https://www.arduino.cc/en/Reference/ SoftwareSerial),深入研究软串口的设计方法。

本章小结

本章通过实战案例,介绍了 Arduino 与 PC 的协同设计方法。

感兴趣的读者,可以搜索网络资料,完成以下拓展练习,深入掌握使用串口与 PC 协同设计的方法。

拓展练习

(1)请改变串口监视器的通信速率,并且修改程序使设置的速率与串口监视器使用的速率保持一致。通过实际测试实验,观察 Nano 与 PC 串口通信能支持的最大通信速率。

(2)用示波器探头连接到 TX 和 RX 引脚,截获一帧携载数据的 TX 和 RX 传输波形。根据截获的波形图,研究以下问题:

① TX 波形携载的是什么字符?

② RX 波形携载的是什么字符?

③ 总结 TX 和 RX 波形用来表示信息的规则。

(3)设计测试实验,对比 Serial.print()和 Serial.write()函数的不同之处。

(4)思考一款用串口通信的应用,设计样机并测试性能。

第 11 章

MATLAB 与 Arduino 协同设计

11.1　MATLAB 的通信协同功能

MATLAB 集成了串口通信功能,封装了一系列完备的串口通信接口对象和函数。使用串口通信将 MATLAB 和 Arduino 协同起来,可以实现多样化、功能完备的电子系统设计。

MATLAB 串口通信的实现流程如图 11.1 所示。首先,查询与 MATLAB 协同连接的目标串口号。然后,创建 serial 对象,并且使用 fopen()函数连接到目标串口。随后,根据需求配置串口的属性,包括波特率、缓存大小、读模式(同步或异步)、读终止符等。接下来,读或发送(同步或异步)串口数据。最后,使用 fclose()函数断开串口连接,使用 delete()函数删除该串口对象。

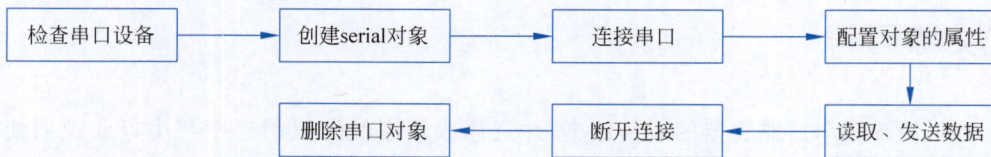

```
检查串口设备  →  创建serial对象  →  连接串口  →  配置对象的属性
                                                        ↓
删除串口对象  ←  断开连接  ←  读取、发送数据
```

图 11.1　MATLAB 串口通信的实现流程

11.1.1　串口通信设计需考虑的关键问题

Arduino 与 MATLAB 协同设计时,需着重考虑 3 个关键问题。

(1)采用字符还是二进制编码传输数据?

(2)读或发数据的过程在什么时候终止?

(3)读或发数据是否应该阻塞后续 MATLAB 命令的执行?

值得注意的是,MATLAB 串口程序设计可以指定读或发数据工作在同步(Synchronous)

或异步(Asynchronous)模式。在同步模式下,读或发操作会阻止执行后续命令,直到读或发操作过程结束。在异步模式下,读或发操作不会阻止执行后续命令,也就是说,一旦启动读或发数据命令后,可以不必等待这些命令结束,就执行后续其他命令。在读或发数据结束后,MATLAB系统自动触发相应事件(类似于硬件中断),从而自动调用事件对应的回调函数,完成后续的收尾处理工作。

对于同步模式,MATLAB的程序执行流程相对简单,设计方便,适用于传输少量数据的场景。但是,如果传输大量数据,同步模式造成的长时间阻塞等待会牺牲执行效率。

对于异步模式,主要优点是如果读或发数据的运行时间较长,可以并发执行后续的其他任务,在数据传输完成后触发事件,从而自动调用事件对应的回调函数,完成后续的收尾处理工作。因此,异步模式适用于传输大量数据的场景。但是程序流程设计相对复杂,需选择合适的触发事件,并且编写相应的回调函数。

11.1.2　MATLAB的串口对象与属性

MATLAB将丰富的串口通信功能系统地封装成为serial对象,并且简化了调用方法。serial对象具有较多的属性,如表11.1所示,各属性都配置了适合多数场景的默认值。例如,用于发或读数据的终止标志字符是由Terminator属性标明的,其默认值是'LF',代表换行符\n。在针对特殊应用场景定制设计时,如使用同步或异步方式传输数据,需要相应地配置属性。

表 11.1　串口对象的一般属性

属　　性	说　　明
'BaudRate'	位传输速率(波特率)
'DataBits'	要传输的数据位数
'Parity'	奇偶校验检查的类型
'StopBits'	用于指示字节结尾的位数
'Terminator'	终止标志字符

11.2　实战 11-1：创建 MATLAB 串口对象并配置属性

11.2.1　问题和目标

本实战要解决的问题是在MATLAB中创建串口对象,并且检查和配置该对象的属性值。

本实战的目标是帮助读者掌握在 MATLAB 中创建串口对象并且配置对象属性的方法。

11.2.2 解决方案

首先，用 USB 电缆连接 PC 和 Nano，然后用设备管理器查看 Nano 串口号。在本例中 Nano 串口号是 COM8。在 MATLAB 中创建新脚本文件并输入以下程序。

程序 11.1 创建串口对象和配置属性

```
delete(instrfindall);
clear all;
close all;
s = serial('COM8')
s.BaudRate = 9600;
fopen(s);
fclose(s);
```

在程序 11.1 中，instrfindall 命令用来显示所有已创建的串口对象。首先调用 delete(instrfindall)函数删除所有已创建的串口对象，防止后面程序执行出现冲突。使用 s= serial('COM8')为 COM8 创建 MATLAB 串口对象。由于未使用分号结尾，MATLAB 的命令行窗口会自动显示 s 的部分属性值，如图 11.2 所示。

```
Serial Port Object : Serial-COM8

Communication Settings
   Port:              COM8
   BaudRate:          9600
   Terminator:        'LF'

Communication State
   Status:            open
   RecordStatus:      off

Read/Write State
   TransferStatus:    idle
   BytesAvailable:    0
   ValuesReceived:    1866
   ValuesSent:        1872
```

图 11.2 MATLAB 命令行窗口显示

执行以下语句，依次配置串口的波特率，打开串口对象 s，然后关闭 s。

```
s.BaudRate = 9600;
fopen(s);
fclose(s);
```

11.2.3　扩展讨论

图11.2展示的是MATLAB自动显示的串口对象的部分主要属性值。串口对象还存在很多其他属性,这里并未全部显示。感兴趣的读者可以查阅MATLAB帮助文档,深入研究串口对象的创建、查询、属性等。

11.3　MATLAB 串口发数据机制

MATLAB串口向外围设备(如Arduino)发数据时,需要调用输出函数。该函数先将指定的数据发送到输出缓冲区,而输出缓冲区是为串口对象分配的存储空间,用于存储待发的数据。然后,串口硬件将输出缓冲区中的数据发到接收设备,如图11.3所示。表11.2和表11.3分别总结了MATLAB串口发数据的相关函数和属性。

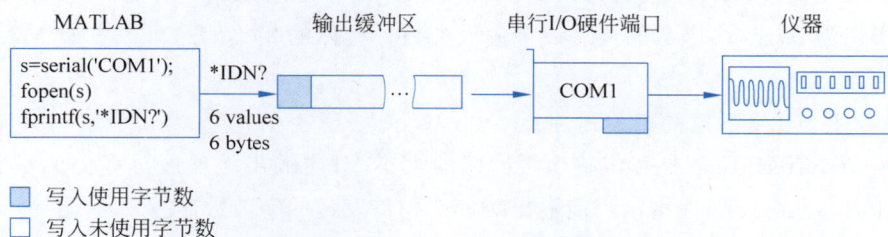

图 11.3　MATLAB 串口发数据的流程

表 11.2　MATLAB 串口发数据相关函数

函 数 名	含 义
fprintf()	向设备写入字符数据
fwrite()	向设备写入二进制数据
stopasync()	终止异步读写操作

表 11.3　MATLAB 串口发数据相关属性

属 性	含 义
OutputBufferSize	输出缓冲区的大小(以字节为单位)
BytesToOutput	当前输出缓冲区中的待发的字节数
Timeout	读或写的超时时间
TransferStatus	指示异步读或写入操作是否正在进行中
ValuesSent	写入设备的值的总数

1. MATLAB 发文本数据

可调用 fprintf() 函数向设备发送字符编码数据,这往往适用于向设备发送命令。fprintf() 函数可以使用指定的格式发送字符数据。若不指定格式,默认使用'%s\n'格式发送命令。

默认情况下,fprintf() 函数是同步执行的,也就是说,只有函数执行完毕后,后续的命令行才会被执行。若要将文本数据异步输出到设备,必须指定使用'async'作为最后一个输入参数。也可以使用 stopasync() 函数停止异步写入操作。具体的相关信息可以参阅 MATLAB 帮助文档。

2. MATLAB 发二进制数据

可以使用 fwrite() 函数将二进制数据写入设备。写二进制数据意味着依次直接输出数据的每个二进制编码位。例如,可以通过发送波形的二进制采样数据给 Arduino,使其可以产生模拟波形输出。

默认情况下,fwrite() 函数是同步执行的。要将二进制数据异步写入设备,必须将'async'指定为 fwrite() 函数的最后一个输入参数。具体的相关信息可以参阅 MATLAB 帮助文档。

3. MATLAB 发数据的相关属性

OutputBufferSize 属性指定输出缓冲区的大小,对应输出缓冲区可存储的最大字节数。BytesToOutput 属性指示当前输出缓冲区中待发送的字节数。

ValuesSent 属性记录了发送到设备的字符数量。必须注意,ValuesSent 属性值也包括终结符,因为用 fprintf() 函数向设备发送命令时,每次出现的 \n 都将被替换为 Terminator 属性值。

要确定正在进行哪些异步操作,可以查看 TransferStatus 属性值。如果没有正在进行异步操作,TransferStatus=Idle。

最后,使用 fprintf() 函数的同步或异步数据输出过程只有在指定的数据被完全发送完毕,或者 Timeout 属性指定的延时已到达后,才会终止。也就是说,如果指定数据还未发完时 Timeout 指定的延时就已到达,数据输出过程会被强行终止。

11.4 实战 11-2：MATLAB 向 Arduino 发送字符命令

11.4.1 问题和目标

本实战解决的关键问题是使用 MATLAB 通过串口向 Arduino 发送字符命令。本实战的目标是给读者提供一种从 MATLAB 向 Arduino 发送字符的协同方法。

11.4.2　解决方案

本实战要实现的功能是用 MATLAB 发送字符 A，Arduino 收到后点亮板载 LED。如果发送其他字符，Arduino 熄灭板载 LED。Arduino 端的代码如下。

程序 11.2　Arduino 端程序代码

```
void setup() {
  pinMode(13,OUTPUT);         //初始化设置
  digitalWrite(13,LOW);
  Serial.begin(9600);
}
char cmd;
void loop() {
  if(Serial.available()){     //如果接收缓冲区有数据
    cmd = Serial.read();      //读取数据并判断
    if(cmd == 'A')    digitalWrite(13,HIGH);
    else              digitalWrite(13,LOW);
  }
}
```

MATLAB 程序如下。

程序 11.3　MATLAB 向 Arduino 发送字符命令

```
delete(instrfindall);
clear all; close all;
s = serial('COM8');
s.BaudRate = 9600;
fopen(s);
pause(2);
fprintf(s,'%c','A');
pause(2);
fclose(s); delete(s); %关闭、删除串口对象 s
```

程序在创建串口对象、配置波特率后，调用

```
fopen(s);
pause(2);
```

将串口对象和硬件连接起来，然后延时等待 2s。这里延时是给打开串口足够的准备时

间,确保串口准备就绪。如果不设置足够的等待时间就直接执行后续命令,可能串口还未准备好,会导致后续命令无法正确执行。

随后,向串口对象 s 发字符 A。最后,延时等待 2s 后,关闭串口。这里的延时等待是给关闭串口前的操作预留足够的执行时间,确保串口确实完成操作后,再关闭串口。如果不设置足够的等待时间就直接关闭串口,可能会导致命令还未执行完毕,串口就被关闭了。

当串口使用完毕后,必须关闭串口,否则其他应用,包括另一个 MATLAB 串口对象无法对串口进行操作。

在进行实验验证时,务必先下载 Arduino 程序,并把 Arduino 连接到 PC。然后,运行上述 MATLAB 程序,可以发现能够点亮 Arduino 的板载 LED,表示能正确接收MATLAB 发送的字符。

11.4.3　扩展讨论

使用 MATLAB 向 Arduino 发字符时,务必注意 fopen()函数打开 MATLAB 串口需要时间,所以在 fopen()函数后执行 pause()延时指令是非常必要的。在实际应用中,应根据个人 PC 的情况,通过多次实验选择合适的延时值。

也可以调用不同的格式发送字符串或字符编码数据,如下所示。

```
fprintf(s,'%s','Arduino');          % 向串口 s 发字符串 Arduino
fprintf(s,'%d',0);                  % 向串口 s 发整数 0 的字符编码
```

11.5　实战 11-3：MATLAB 向 Arduino 发送二进制数据

11.5.1　问题和目标

fwrite()函数可以把数据的二进制编码写入设备,在写入大量数据时比 fprintf()函数发送字符编码数据更加高效。例如,在发送十进制数字 40 时,如果采用 fprintf()函数,需要连续发送字符 4 和 0,需要发送 2 字节。如果采用 fwrite()函数,只用发送对应的二进制数码,只需 1 字节。

本实战要解决的问题是用 fwrite()函数向 Arduino 发送二进制数据。

本实战的目标是帮助读者掌握从 MATLAB 向 Arduino 发送二进制数据的方法。

11.5.2 解决方案

fwrite()函数有以下几种调用形式。

fwrite(obj,A)：将二进制数据 A 写入串口对象 obj 的设备。

fwrite(obj,A,'precision')：按照 precision 指定的精度写入二进制数据。precision 控制为每个值写入的位数以及如何将这些位解释为整数、浮点数或字符值。如果未指定 precision，则使用 uchar(8 位无符号字符)。表 11.4 列出了 precision 的支持值。

表 11.4　precision 的支持值

数 据 类 型	精　　度	解　　释
字符	uchar	8 位无符号字符
	schar	8 位有符号字符
	char	8 位有符号或无符号字符
整数	int8	8 位整数
	int16	16 位整数
	int32	32 位整数
	uint8	8 位无符号整数
	uint16	16 位无符号整数
	uint32	32 位无符号整数
	short	16 位整数
	int	32 位整数
	long	32 位或 64 位整数
	ushort	16 位无符号整数
	uint	32 位无符号整数
	ulong	32 位或 64 位无符号整数
浮点数	single	32 位浮点数
	float32	32 位浮点数
	float	32 位浮点数
	double	64 位浮点数
	float64	64 位浮点数

fwrite(obj,A,'mode')：按照 mode 指定的命令行访问权限写入二进制数据。如果 mode 为 sync，A 是以同步方式写入，并阻塞后续命令执行。如果 mode 为 async，A 是以异步方式写入，并不阻塞执行后续命令。如果未指定 mode，默认作为同步操作。

fwrite(obj,A,'precision','mode')：按照 precision 指定的精度和 mode 指定的命令行访问权限写入二进制数据。

本实战提供一个案例,MATLAB 使用 fwrite()函数向 Arduino 依次发送二进制数 10 和 245。Arduino 收到数值后,相应地产生 PWM 波形控制 LED 的亮度。

硬件实验平台的搭建如图 11.4 所示,把一个 LED 连接到 Arduino 的引脚 3(LED 正极)和 GND (LED 负极)之间,然后用 USB 电缆连接 Arduino 和 PC。

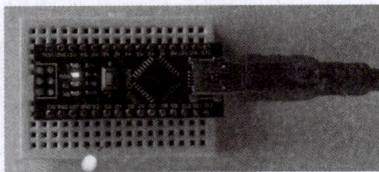

图 11.4　硬件实验平台的搭建

Arduino 代码如程序 11.4 所示。该程序循环检测接收缓冲区中是否有数据到达。如果有,则读取数据后,使引脚 3 按照接收的数据产生 PWM 波形,从而控制 LED 的亮度。

程序 11.4　Arduino 程序代码

```
void setup() {
  Serial.begin(9600);
}
void loop() {
  byte x;
  if (Serial.available())      //一旦接收缓冲区有数据
  { x = Serial.read();         //读取一字节数据
    analogWrite(3,x);          //控制 PWM 波形输出
  }
}
```

MATLAB 代码如程序 11.5 所示。该程序循环地调用 fwrite(s,x)函数发送数值 10 和 245 给 Arduino。读者可以把程序下载到 Arduino,并且运行 MATLAB 程序。可以观察到 Arduino 连接的 LED 交替发出亮和暗光的现象,证明 Arduino 确实可以按要求接收到两个不同的数值。

程序 11.5　MATLAB 发送二进制数据给 Arduino

```
delete(instrfindall);
clear all; close all;
s = serial('COM8');
s. BaudRate = 9600;
fopen(s);
pause(2);
x = 10;
while(1)
    fwrite(s,x);
```

```
    x = 255 - x;
    pause(2);
end
fclose(s);
delete(s);
```

11.5.3　扩展讨论

感兴趣的读者,可以设计其他的应用实例,使用 fwrite()函数的不同调用形式,向 Arduino 发送不同格式的二进制数据。

11.6　MATLAB 串口读数据机制

MATLAB 串口从外接设备(如 Arduino)读数据时,首先由串口硬件从设备读数据后存储在输入缓冲区中。输入缓冲区是为 MATLAB 串口对象分配的存储空间,用于存储要从设备读的数据。然后,输入缓冲区中的数据被赋值到 MATLAB 变量,如图 11.5 所示。表 11.5 和表 11.6 分别总结了 MATLAB 串口读数据的相关函数和属性。

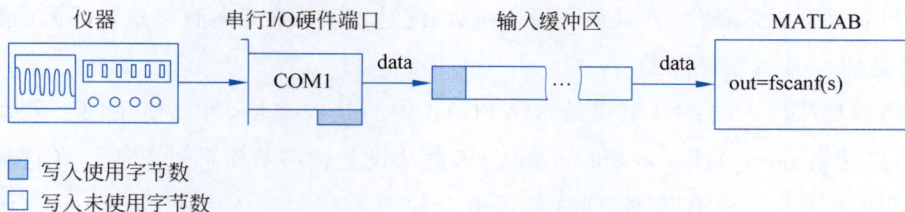

图 11.5　MATLAB 串口读函数流程图

表 11.5　MATLAB 串口读数据的相关函数

函　数　名	功　　能
fgetl()	从设备中读一行文本并丢弃终结符
fgets()	从设备中读一行文本并包含终止符
fread()	从设备中读二进制数据
fscanf()	从设备中读数据并格式化为文本
readasync()	从设备中异步读数据
stopasync()	停止异步读写操作

表 11.6   MATLAB 串口读数据的相关属性

属　　性	功　　能
InputBufferSize	输入缓冲区的大小(以字节为单位)
BytesAvailable	输入缓冲区中可用的字节数
ReadAsyncMode	指定异步读操作是连续的还是手动的
Timeout	等待时间完成读或写操作
TransferStatus	指示异步读或写入操作是否正在进行中
ValuesReceived	从设备读的值的总数

在串口硬件读数据时,需使用 ReadAsyncMode 属性指定读操作是同步还是异步。具体来说,可以将 ReadAsyncMode 配置为'continuous'或'manual'。

(1) 如果 ReadAsyncMode＝'continuous',则对应同步阻塞模式,串口对象将不断查询设备以确定是否可以读数据。如果数据可用,则将其存储在输入缓冲区中。ReadAsyncMode 的默认值是'continuous'。

(2) 如果 ReadAsyncMode＝'manual',则对应异步模式,串口对象不会连续查询设备以确定是否可以读数据。异步操作不会阻止对 MATLAB 命令行的访问,因此在异步读时,可以同时执行异步写操作,因为串口具有分别用于读或输出的不同独立引脚;另外,还可以设置回调触发条件,并且编写回调函数,使触发条件满足时自动执行回调函数。

1. MATLAB 读字符数据

要将数据从输入缓冲区赋值给 MATLAB 中的接收变量,可以使用同步阻塞读函数,如可以使用 fgetl()、fgets()和 fscanf()函数从设备读字符编码的数据。在这种情况下,如果输入缓冲区中有数据,则这些函数会快速返回。默认情况下,fscanf()函数使用%c 格式读数据。直接使用 fgetl()、fgets()和 fscanf()函数进行读操作会阻塞后续 MATLAB 命令的运行,直到读到 Terminator 属性指定的终结符,或 Timeout 属性指定的时间到达,或读到指定数量的值,或输入缓冲区已填满。

2. MATLAB 读二进制数据

可以使用 fread()函数从设备中读二进制数据,fread()函数也是同步读取的,意味着只有读取到指定数目的数据或满足其他条件时,才会结束执行,允许执行后续的命令。

默认情况下,fread()函数返回双精度数组中的数值,但是可以指定使用其他精度。如果要将二进制数据转换为字符,可以使用 MATLAB 自带的转换函数。

3. MATLAB 读串口数据相关属性

InputBufferSize 属性指定可以在输入缓冲区中存储的最大字节数。值得注意的是,对于给定的读操作，可能不知道设备返回的字节数。因此，在连接串口对象之前，需要将InputBufferSize属性预设为足够大的值。

BytesAvailable属性指示当前可从输入缓冲区读的字节数。要查询已从设备读取的值的数量（包括终结符），可以查询ValuesReceived属性。如果要确定正在进行哪些异步操作，可以查询TransferStatus属性值。如果没有正在进行异步操作，则TransferStatus处于空闲状态。

11.7 实战11-4：MATLAB同步读Arduino发送字符编码数据

11.7.1 问题和目标

本实战要解决的问题是使Arduino通过串口把AD采样数据通过字符编码的形式发送给MATLAB。

本实战的目标是提供一种从Arduino发送字符编码数据给MATLAB的方法。

11.7.2 解决方案

本实战的硬件平台搭建十分方便，直接将Arduino的A0引脚连接到3.3V引脚，然后用USB线缆连接Arduino和PC即可。

Arduino端的程序设计如下。

程序11.6 Arduino发送字符编码的AD采样值

```
void setup() {
  Serial.begin(9600);          //初始化设置串口波特率
}
void loop() {
  int val = analogRead(A0);    //读取A0引脚的10位AD采样值
  Serial.println(val);
}
```

MATLAB代码如下。

程序11.7 MATLAB读取字符编码的AD采样值

```
delete(instrfindall);
clear all; close all;
```

```
s = serial('COM8');
s. BaudRate = 9600;
fopen(s);
pause(2);
while(1)
    if(s.BytesAvailable)
        readstr = fscanf(s)
        val = str2num(readstr)
        val = 4.78 * val/1024
    end
end
fclose(s);
delete(s);
```

其中,关键的部分在于 while 循环,用于循环持续检测 s.BytesAvailable 属性,如果该属性大于零,说明接收缓冲区中存在未读取的数据,则调用 fscanf(s)函数读取缓冲区中的字符,直到读到终止符\n 才继续执行 fscanf(s)以后的命令。首先调用 str2num()函数把读取到的字符串变量 readstr 转换为对应的 AD 采样数值,然后再转换为模拟电压值。

运行以上代码,可以发现 MATLAB 读取输出的 val 约为3.3,因此能够证明 MATLAB 串口确实能够正确读取 Arduino 发送的字符编码数据。

11.7.3 扩展讨论

读者也可以尝试使用 fgetl()或 fgets()函数替换 fscanf()函数实现相同的功能。可以查阅帮助文档,获得更多的串口读取函数的使用细节。

11.8 实战 11-5：MATLAB 同步读 Arduino 发送的二进制数据帧

11.8.1 问题和目标

本实战要解决的问题是使 Arduino 通过串口给 MATLAB 发送一个二进制数据帧,即一连串的二进制数据。

本实战的目标是提供一种从 MATLAB 高效读取 Arduino 采集的二进制数据的方法。

11.8.2 解决方案

MATLAB 提供了 fread()函数,可以从串口中获取二进制数据,其调用格式为

```
A = fread(obj)
A = fread(obj,size,'precision')
```

其中，obj 为串口对象；size 为获取的二进制数的数量；'precision'为精度。

本实战给出了一个案例，使用 Arduino 的 AD 引脚 A3 采集 100 个采样值，然后将这些数据的二进制编码通过串口发送给 MATLAB。Arduino 代码如程序 11.8 所示。

程序 11.8　Arduino 发送二进制编码的 AD 采样值

```
void setup() {
  Serial.begin(9600);                //初始化设置串口波特率
}
byte val[100];                       //定义 100 字节的数组,保存 AD 采样值
void loop() {
  for(int i = 0; i < 100; i++)
    val[i] = (analogRead(A3)>> 2);   //从 A3 引脚采样的数值保存到 val 中
  Serial.println('S');
  for(int i = 0; i < 100; i++)
    Serial.write(val[i]);
  delay(1000);                       //每隔 1s 发送一帧
}
```

在 Arduino 程序中，把从 A3 引脚采样的 100 个值保存到 val 数组中。其中，每个采样值仅保留了高 8 位，相当于把每个采样值除以 4 后，存入 val 数组。

然后，每隔 1s 发送一帧采样数据。每帧数据的帧头是由 S 和换行符共同组成的，从而使 MATLAB 在读数据时，能够方便地定位数据帧。

MATLAB 代码如程序 11.9 所示。

程序 11.9　MATLAB 读取二进制数据

```
delete(instrfindall);               % 删除搜索到的所有串口数据
clear all; close all;
s = serial('COM8');
s.InputBufferSize = 200;
fopen(s);
pause(2);
while(s.BytesAvailable)
    framestart = fscanf(s);
    data = fread(s,100);
    plot(1:100,data * 4.78 * 4/1023,'o - .');
    pause(1);
```

```
end
fclose(s);
delete(s);
```

其中,调用了 s.InputBufferSize=200,确保输入缓冲区能够完整接收到一帧采样数据。然后,执行以下语句,循环地先用 fscanf()函数读取到帧头的 S 和换行符。这是因为,fscanf()函数只有在读取到换行符后才会退出,允许执行后续命令。

```
while(s.BytesAvailable)
    framestart = fscanf(s);
    data = fread(s,100);
    plot(1:100,data * 4.78 * 4/1023,'o- .');
    pause(1);
end
```

然后,用 fread()函数读取 100 个二进制采样数据,并且转换为模拟电压值后打印出来。为保证能连续读取数据,最后延时 1s 确保接收缓冲区收集到下一帧数据。

读者可以运行上述程序,并把 Arduino 的 A3 引脚连接到 3.3V 引脚,应能在 MATLAB 中观察到类似图 11.6 的结果。由于噪声影响,测量数据会在 3.3V 附近随机波动。可见,确实能够实现用 MATLAB 读取 Arduino 发来的二进制数据帧。

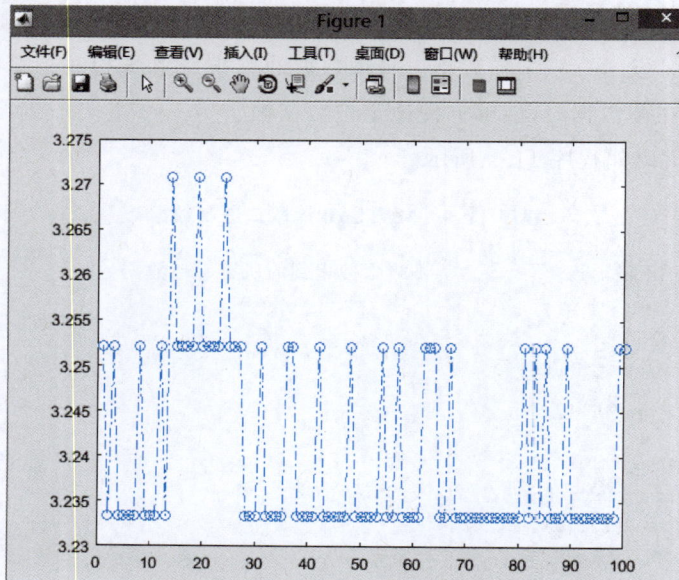

图 11.6　MATLAB 读取二进制数据帧

11.8.3　扩展讨论

本实战使用的一个重要设计思路，是在一帧数据前添加帧头，方便接收机识别。这相当于设计了发射机和接收机之间的通信协议。感兴趣的读者可以查找参考资料，深入研究通信协议的设计方法。

11.9　MATLAB 串口的相关事件和回调函数

事件可以提升串口应用程序的功能和灵活性，即满足一定条件后触发事件，并自动调用一个或多个回调函数实现某种功能。当串口对象连接到设备时，可以使用事件显示消息、显示和分析数据等。

回调是通过回调属性和回调函数进行控制的，所有事件类型都有一个关联的回调属性。回调函数是为满足特定应用程序需求而构造的 MATLAB 函数。通过将回调函数连接到串口对象的相应属性，可以在发生特定事件时执行该回调函数。

11.9.1　事件类型和回调属性

串口事件类型和回调属性如表 11.7 所示。

表 11.7　串口事件类型和回调属性

事 件 类 型	相关联的回调属性
BytesAvailable	BytesAvailableFcn
	BytesAvailableFcnCount
	BytesAvailableFcnMode
Error	ErrorFcn
OutputEmpty	OutputEmptyFcn
PinStatus	PinStatusFcn
Timer	TimerFcn
	TimerPeriod
BreakInterrupt	BreakInterruptFcn

1. BytesAvailable 事件

在输入缓冲区中有预定数量的字节未读，或读到终止符（具体由 BytesAvailableFcnMode 属性确定），会立即触发 BytesAvailable 事件。此事件只能在异步读操作期间触发。如果 BytesAvailableFcnMode 属性为 byte，则每当输入缓冲区中存储的字节达到 Bytes-

AvailableFcnCount 属性指定的字节数时，事件都会调用 BytesAvailableFcn 属性指定的回调函数。如果 BytesAvailableFcnMode 属性为 terminator，则每当读到由 Terminator 属性指定的字符时都会执行回调函数。

2. Error 事件

发生错误后会立即触发 Error 事件。触发该事件后会自动调用 ErrorFcn 属性指定的回调函数。此事件只能在异步读或写入操作期间触发。发生超时也会触发 Error 事件。如果读或写入操作未在 Timeout 属性指定的时间内成功完成，则会发生超时。如果配置错误，如设置了无效的属性值，不会触发 Error 事件。

3. OutputEmpty 事件

当输出缓冲区为空时会立即触发 OutputEmpty 事件，触发该事件后会自动执行 OutputEmptyFcn 属性指定的回调函数。此事件只能在异步输出操作时触发。

4. PinStatus 事件

当 CD、CTS、DSR 或 RI 引脚的状态（引脚值）发生变化时，会立即触发 PinStatus 事件。此事件会自动调用 PinStatusFcn 属性指定的回调函数。无论同步或异步读写操作都可以触发此事件。

5. Timer 事件

在延时达到由 TimerPeriod 属性指定的时间后，会触发 Timer 事件。注意，测量延时的起始时间是从串口对象连接到设备时开始的。该事件会自动调用 TimerFcn 属性指定的回调函数。值得注意的是，如果系统速度明显变慢或 TimerPeriod 值太小，可能不会处理某些计时器事件。

6. BreakInterrupt 事件

在串行端口产生一个断点中断后，会立即触发一个 BreakInterrupt 事件。该事件会自动调用 BreakInterruptFcn 属性指定的回调函数。无论同步或异步读写操作都可以触发该事件。具体的细节可以参阅 MATLAB 帮助文档。

11.9.2 创建和执行回调函数

要指定在触发特定事件时自动执行的回调函数，可以将函数的名称设置为对应的回调属性值。可以通过函数句柄指定回调函数。例如，要在读到终止符时执行回调函数 mycallback，可以使用以下代码。

```
s.BytesAvailableFcnMode = 'terminator';
s.BytesAvailableFcn = @mycallback;
```

也可以将回调函数指定为元胞数组。

```
s.BytesAvailableFcn = {'mycallback'};
```

回调函数至少需要两个输入参数。第一个参数是串口对象；第二个参数是用来捕获事件信息的变量。此事件信息仅适用于导致回调函数执行的事件。例如，mycallback 的函数头是

```
function mycallback(obj,event)
```

通过将回调函数和参数都包含为元胞数组的元素，可以将其他参数传递给回调函数。例如，要将 MATLAB 变量 time 传递给回调函数 mycallback，可使用以下代码。

```
time = datestr(now,0);
s.BytesAvailableFcnMode = 'terminator';
s.BytesAvailableFcn = {@mycallback,time};
```

也可以将回调函数指定为元胞数组中的一个字符串。

```
s.BytesAvailableFcn = {'mycallback',time};
```

相应的函数头是

```
function mycallback(obj,event,time)
```

如果要将其他参数传递给回调函数，则必须将它们包含在函数头中且放在两个必需参数后。

11.10　实战 11-6：用 MATLAB 串口异步读取 Arduino 发送的数据

11.10.1　问题和目标

在不知道设备什么时候发送数据的情况下，如报警器等设计，fscanf()函数等同步式读取操作会迫使程序持续等待数据的到来，从而阻塞执行后续的指令，降低运行效率。

针对上述不足，本实战要解决的问题是用 MATLAB 串口异步读取 Arduino 发送的

字符编码数据。

本实战的目标是为读者提供一种用 MATLAB 串口异步读取字符编码数据的方法。

11.10.2　解决方案

MATLAB 的 serial 对象提供了异步读取数据的方法,可以在接收缓冲区中字节达到一定数量时使用回调函数进行信号的处理。要实现这个功能,可以按照以下两个步骤执行。

(1) 设置串口对象属性中执行回调函数的触发条件,这些属性包括:
BytesAvailableFcnCount,达到这个属性的数量时触发回调函数;
BytesAvailableFcnMode,设置为 'byte'.

(2) 编写回调函数并且连接到 BytesAvailableFcn 属性。当触发条件成立时,程序自动调用的函数。

下面展示一个实例,让 Arduino 每隔一段时间发送 AD 采样数据,MATLAB 串口通过异步读取,每次接收到 100 个采样值后,自动执行回调函数打印显示采样数据。Arduino 端的代码如下。

程序 11.10　Arduino 端发送 AD 采样数据

```
void setup() {
    Serial.begin(9600);                //初始化配置串口波持率
}
void loop() {
    Serial.println(analogRead(A3));    //将 A3 引脚采样值从串口输出
    delay(10);                         //每隔 10ms 采样一次
}
```

MATLAB 代码如下。

程序 11.11　MATLAB 异步读取

```
delete(instrfindall);
clear all;
close all;
s = serial('COM6');
s.BaudRate = 9600;                      //设置波特率
s.BytesAvailableFcnCount = 100;         //设置每接收到 100 字节数据触发事件
s.BytesAvailableFcnMode = 'byte';       //设置触发事件的条件是字节数
s.BytesAvailableFcn = {@PlotData, 100}; //设置回调函数和输入参量
```

```
fopen(s);
disp('waiting');

function PlotData (s, event, number)
data = [];
for k = 1:number
    val = fscanf(s)
    val = str2num(val) * 4.78/1024;
    data = [data val];
end
plot(data);
end
```

在 MATLAB 代码中,设置了异步读取的触发条件,并且连接了回调函数和输入回调函数的参量。一旦触发条件成立,则自动调用 PlotData 回调函数,读取 100 个数据后打印展示出来。

读者可以运行上述程序,并把 Arduino 的 A3 引脚连接到 3.3V 引脚,应能在 MATLAB 中观察到如图 11.7 所示的结果。可见,MATLAB 确实能够异步读取 Arduino 发来的 AD 采样数据。

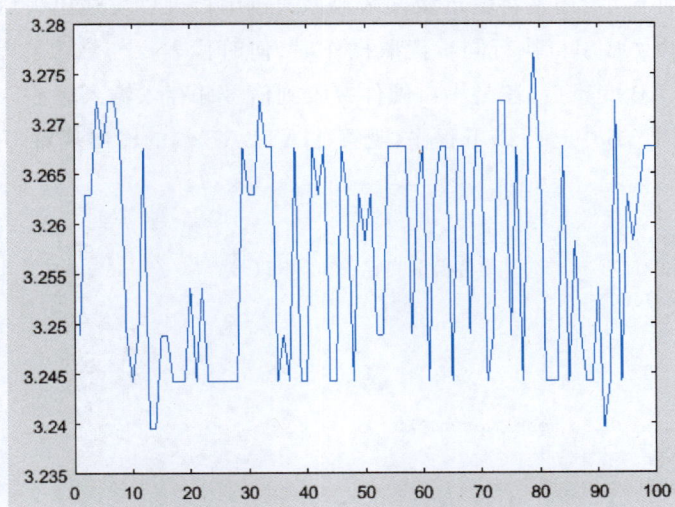

图 11.7　MATLAB 异步读取的 AD 采样值

11.10.3 扩展讨论

MATLAB串口触发的事件和对应回调函数有很多种。感兴趣的读者可以查阅MATLAB帮助文档,根据应用需求,设计更多有趣的MATLAB串口异步读取方法。

本章小结

本章通过6个实战,系统地讲述了MATLAB和Arduino之间通过串口通信进行协同设计的思路和方法。感兴趣的读者,可以查阅网络资料,完成以下拓展练习,深入掌握MATLAB与Arduino的协同设计方法。

拓展练习

(1) 创建MATLAB串口对象,并且查看Terminator属性值。查阅资料,总结'LF'和'CR'作为Terminator的两种可能取值,它们的区别是什么?

(2) 在MATLAB串口执行同步发送操作时,何时代表操作结束?是将MATLAB变量写入输出缓冲区后,还是将输出缓冲区数据通过串口硬件发送出去后?

(3) 在MATLAB串口执行同步读取操作时,何时代表操作结束?是将输入缓冲区数据存入MATLAB变量后,还是串口硬件接收到信号并存入输入缓冲区后?

(4) 在MATLAB中运行以下程序,观察MATLAB端的输出现象,并且解释原因。

```
delete(instrfindall);
clear all; close all;
s = serial('COM1');          % 替换成自己PC的串口号
s.BaudRate = 9600;
fopen(s);
pause(2);
while(1)
    fprintf(s,'%s','a test','async');
    disp(" ============= ");
    s.TransferStatus
    s.BytesToOutput
    s.ValuesSent
end
fclose(s);
delete(s);
```

（5）把练习（4）程序中的 fprintf() 函数的参数'async'改为'sync'，再次运行程序，观察 MATLAB 的输出现象，并且解释原因。

（6）在 MATLAB 中运行以下程序，观察 MATLAB 端的输出现象，并且解释原因。

```
delete(instrfindall);
clear all; close all;
s = serial('COM1');            % 替换成自己 PC 的串口号
s. BaudRate = 9600;
fopen(s);
pause(2);
x = 1;
while(1)
    fwrite(s,x,'async');
    x = x + 1;
    disp(" ============= ");
    s.TransferStatus
    s.BytesToOutput
    s.ValuesSent
end
fclose(s);
delete(s);
```

（7）把练习（6）程序中的 fwrite() 函数的参数'async'改为'sync'，再次运行程序，观察 MATLAB 的输出现象，并且解释原因。

（8）思考一款基于 MATLAB 与 Arduino 协同的应用，设计和实现样机，并测试性能。

第 12 章

Arduino 实现快速傅里叶变换

12.1 问题和目标

快速傅里叶变换(Fast Fourier Transform,FFT)是最重要的数字信号处理基础算法之一。这是因为 FFT 可以被广泛地应用在各种场景,具有重要的价值。例如,在仪表领域,FFT 是频谱仪的重要算法基础,可以根据信号的时域采样值快速计算信号的频谱。在通信领域,FFT 是实现正交频分复用(Orthogonal Frequency Division Multiplexing,OFDM)的主要算法基础。

然而,现有的大量参考书仅详尽地介绍 FFT 的原理,却很少给出 FFT 的具体实现方法。这可能是因为,FFT 的实现方法依赖于具体采用的硬件平台,需要深入掌握原理后再根据具体应用定制化设计。

本章要解决的关键问题是用 Arduino 实现 FFT 算法,从而计算一组信号时域采样值的频谱。

初衷是提供解决该问题的一种可能方案,能够为广大信号处理爱好者提供将复杂理论落地实现的技术启示,激发读者积极掌握理论,并勇于进行工程实现的热情。

12.2 原理思路

12.2.1 复数的表示

首先,定义一个结构体表示复数。通常采样得到信号都是由浮点数的数组构成,但FFT 后的频域信号由复数构成,不仅有实部,还有虚部。因此,通常一个浮点数数组并不能表示频域信号,于是定义一个复数结构体。

```
typedef struct complex        //复数类型
{
  float real;                 //实部
  float imag;                 //虚部
}complex;
```

将信号时域采样值转化并存储在如下语句定义的结构体数组中。

```
complex outputList[N] ;
```

其中,N 代表 FFT 的点数,宏定义在程序开头。

```
# define N 256
```

由于自定义了复数的结构,因此还需要实现复数的基本运算,如加、减、乘、除等,这些运算由自定义函数给出,具体代码见 12.3 节。

12.2.2 FFT 经典蝶形运算

继而就可以用经典的蝶形算法实现 FFT。FFT 是离散傅里叶变换(Discrete Fourier Transform,DFT)的一种高效算法,数学表达式为

$$X(k) = \sum_{n=0}^{N-1} x(n) W_N^{nk} , \quad k = 0, 1, 2, \cdots, N-1$$

其中,旋转因子 $W_N^{nk} = e^{-j\frac{2\pi}{N}}$。其原理就是把长序列的 DFT 分解为短序列的 DFT,利用旋转因子的周期性、对称性和可约性归并简化 DFT 的计算。以 $N=4$ 为例,蝶形运算的结构,如图 12.1 所示。

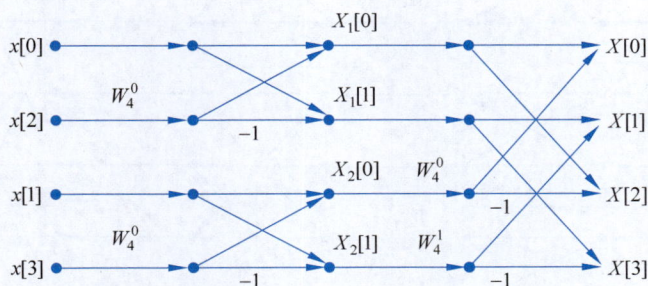

图 12.1 $N=4$ 的蝶形运算

当 $N=8$ 时,蝶形运算的结构如图 12.2 所示。

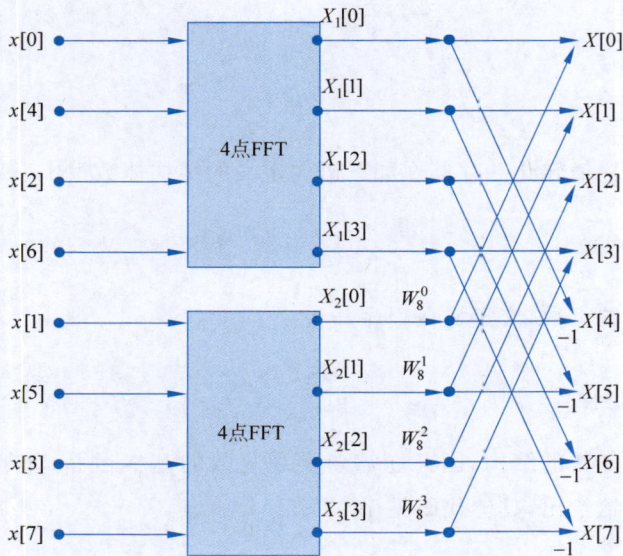

图 12.2 $N=8$ 的蝶形运算

此外,$N=8$ 的蝶形运算细节如图 12.3 所示。

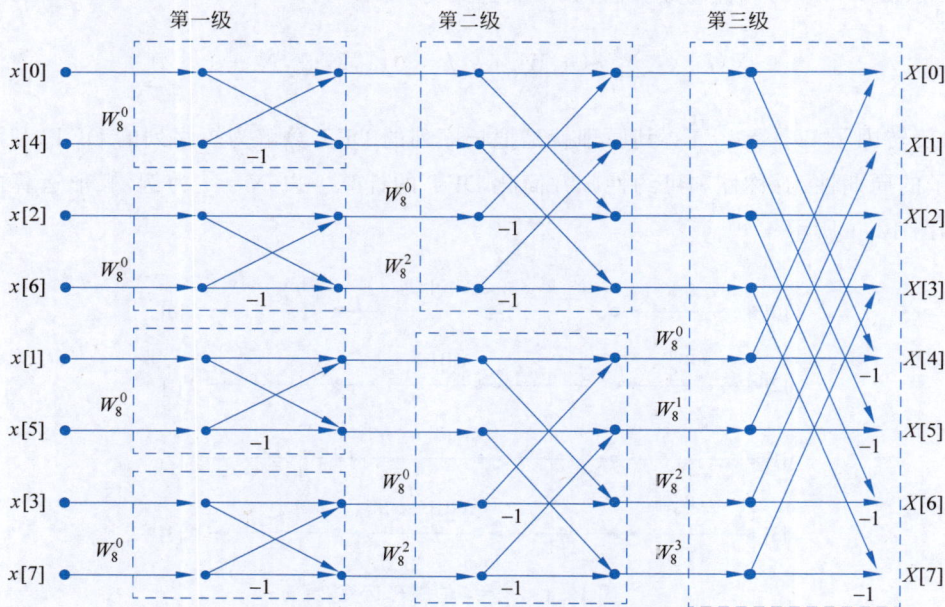

图 12.3 $N=8$ 的蝶形运算细节

同理,可以得到更大 N 的蝶形运算。

可以发现,在蝶形运算的图中,有两个要素:输入参数的顺序,以及每次计算时候两点之间的距离和乘 W_N 的规律。

下面依次找出这些要素的规律。

1. 输入参数的顺序

在蝶形运算时,输入参数会被重新排序,继而一步步进行运算。其原理很简单,将序号根据奇数、偶数分成两组,继而再对每组奇偶分组,直到每组只有一个元素为止。

2. 每次计算时候两点之间的距离和乘 W_N 的规律

N 点 FFT 需要 $\mathrm{lb}N$ 级运算,每级的运算都是由两个上一级运算的结果得到的,但每次两点之间的距离都不尽相同。通过观察蝶形运算的图形,可以发现:

(1) 第一级的蝶形系数均为 W_N^0,相互运算的蝶形节点距离为 1;

(2) 第二级的蝶形系数为 W_N^0、$W_N^{N/4}$,相互运算的蝶形节点距离为 2;

(3) 第三级的蝶形系数为 W_N^0、$W_N^{N/8}$、$W_N^{2N/8}$、$W_N^{3N/8}$,相互运算的蝶形节点距离为 4;

(4) 第 N 级的蝶形系数为 W_N^0,W_N^1,$\cdots$,$W_N^{(N/2-1)}$,相互运算的蝶形节点距离为 $N/2$。

而乘 W_N 的规律为(节点距离设为 z):

(1) 间隔 z 个式子;

(2) 从 W_N 的 0 次幂开始连续加 2,到 W_N 的 z 次幂;

(3) 重复以上过程。

例如,第二级的间隔 $z=2$,节点 0 和节点 1 不做操作,节点 2 乘 W_8^0;节点 3 乘 W_8^2。继而重复上述过程。

找到了规律,接下来就用代码来实现算法。

12.3　解决方案

FFT 算法流程图如图 12.4 所示。

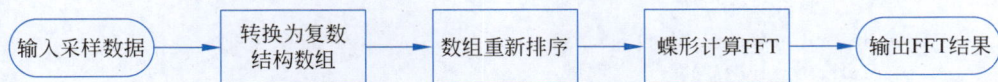

图 12.4　FFT 算法流程图

具体代码如下。

程序 12.1　FFT 算法程序

```
# include "math.h"
# include "fft.h"
//定义 FFT 的点数,必须为 2^n
# define SIZE 256
// # define M_PI 3.14159265358979323846
# define SWAP(a,b) tempr = (a);(a) = (b);(b) = tempr
void setup() {
  Serial.begin(9600);                    //设置串口波特率为 9600
}


void loop() {
  int inputList[SIZE];
  int i;
  //产生一个[0: SIZE]的数组,用来测试 FFT
  for( i = 0; i < SIZE; i++){
    inputList[i] = i;
  }
  //把实数转换为复数结构体
  complex outputList[SIZE] ;
  int2complex(inputList, outputList);
  //调用函数
  fft(SIZE, outputList);
  //下面为打印部分
  for( i = 0; i < SIZE; i++){
    Serial.println(i);
    if(outputList[i].imag > = 0.0){
      Serial.print(outputList[i].real,5);
      Serial.print(" + ");
      Serial.print(outputList[i].imag,5);
      Serial.println("j");
    }
    else{
      Serial.print(outputList[i].real,5);
      // Serial.print(" + ");
      Serial.print(outputList[i].imag,5);
      Serial.println("j");
    }
  }
```

```
}

int pow_new(int di, int zhishu) {
  if(zhishu == 0) return 1;
  if(zhishu == 1) return di;
  int i;
  int result = di;
  for(i = 2; i <= zhishu; i++){
    result = result * di;
  }
  return result;
}
void conjugate_complex(int n,complex in[],complex out[])
{
  int i = 0;
  for(i = 0;i < n;i++)
  {
    out[i].imag = - in[i].imag;
    out[i].real = in[i].real;
  }
}

void c_abs(complex f[],float out[],int n)
{
  int i = 0;
  float t;
  for(i = 0;i < n;i++)
  {
    t = f[i].real * f[i].real + f[i].imag * f[i].imag;
    out[i] = sqrt(t);
  }
}

void c_plus(complex a,complex b,complex * c)
{
  c -> real = a.real + b.real;
  c -> imag = a.imag + b.imag;
}

void c_sub(complex a,complex b,complex * c)
{
  c -> real = a.real - b.real;
  c -> imag = a.imag - b.imag;
```

```
}

void c_mul(complex a, complex b, complex * c)
{
    c -> real = a. real * b. real - a. imag * b. imag;
    c -> imag = a. real * b. imag + a. imag * b. real;
}

void c_div(complex a, complex b, complex * c)
{
    c -> real = (a. real * b. real + a. imag * b. imag)/(b. real * b. real + b. imag * b. imag);
    c -> imag = (a. imag * b. real - a. real * b. imag)/(b. real * b. real + b. imag * b. imag);
}

void Wn_i(int n, int i, complex * Wn, char flag)
{
    Wn -> real = cos(2 * PI * i/n);
    if(flag == 1)
    Wn -> imag = - sin(2 * PI * i/n);
    else if(flag == 0)
    Wn -> imag = - sin(2 * PI * i/n);
}

//FFT
void fft(int N, complex f[])
{
    complex t, wn;                              //中间变量
    int i, j, k, m, n, l, r, M;
    int la, lb, lc;
    int temp_pow;
    / * ---- 计算分解的级数 M = log2(N) ---- * /
    for(i = N, M = 1;(i = i/2)!= 1; M++);
    / * ---- 按照倒位序重新排列原信号 ---- * /
    for(i = 1, j = N/2; i <= N - 2; i++)
    {
        if(i < j)
        {
            t = f[j];
            f[j] = f[i];
            f[i] = t;
        }
        k = N/2;
        while(k <= j)
        {
```

```
      j = j - k;
      k = k/2;
    }
    j = j + k;
  }


  /* ----FFT算法---- */
  for(m = 1;m <= M;m++)
  {
    la = pow_new(2,m);  //la = 2^m 代表第 m 级每个分组所含节点数
    lb = la/2;         //lb 代表第 m 级每个分组所含蝶形单元数
                       //同时它也表示每个蝶形单元上下节点之间的距离
    /* ---- 蝶形运算 ---- */
    for(l = 1;l <= lb;l++)
    {
      r = (l - 1) * pow_new(2,M - m);
      //Serial.println("hello r");
      // Serial.println(r);
      for(n = l - 1;n < N - 1;n = n + la) //遍历每个分组,分组总数为 N/la
      {
        lc = n + lb; //n,lc 分别代表一个蝶形单元的上下节点编号
        Wn_i(N,r,&wn,1); //wn = Wnr
        c_mul(f[lc],wn,&t); //t = f[lc] * wn 复数运算
        c_sub(f[n],t,&(f[lc])); //f[lc] = f[n] - f[lc] * Wnr
        c_plus(f[n],t,&(f[n])); //f[n] = f[n] + f[lc] * Wnr
      }
    }
  }
}


void int2complex( int inputList[], complex outputList[])
{
  int i ;
  for( i = 0; i < SIZE; i++)
  {
    outputList[i].real = inputList[i];
    outputList[i].imag = 0;
  }
}
```

声明头文件 fft.h 的代码如下。

程序 12.2　声明头文件 fft.h

```
# ifndef __FFT_H__
# define __FFT_H__

typedef struct complex                                   //复数类型
{
  float real;                                            //实部
  float imag;                                            //虚部
}complex;

void conjugate_complex(int n,complex in[],complex out[]);
void c_plus(complex a,complex b,complex * c);            //复数加
void c_mul(complex a,complex b,complex * c) ;            //复数乘
void c_sub(complex a,complex b,complex * c);             //复数减法
void c_div(complex a,complex b,complex * c);             //复数除法
void fft(int N,complex f[]);                             //傅里叶变换,输出也存在数组 f 中
void ifft(int N,complex f[]);                            //傅里叶逆变换
void c_abs(complex f[],float out[],int n);               //复数数组取模
void int2complex(int inputList[], complex outputList[]); //实数数组转换为结构体
int pow_new(int di, int zhishu);                         //求指数函数,di^zhishu
# endif
```

12.4　测试验证

输入程序后,将对算法进行验证。首先将 FFT 的点数设置为 128。为了方便测试,生成一个从 0 到 127 的 128 点等差数列,作为测试数据进行 FFT。设置数据采样频率为 1000Hz。编译并上传程序后,打开串口监视器,可以看到 Arduino 将测试数据进行 FFT 后得到的结果,如图 12.5 所示。

使用 MATLAB 生成一个同样的数组进行 FFT 运算,得到的结果如图 12.6 所示。

将两个结果进行对比,发现 Arduino 与 MATLAB 的 FFT 运算结果基本相同,只有很小的精度差距,这主要是因为 MATLAB 的计算精度要高于 Arduino 的 float,这是正常的现象,从而验证了程序的正确性。以 1000Hz 的采样频率,将 FFT 的结果画成频谱图,如图 12.7 所示。

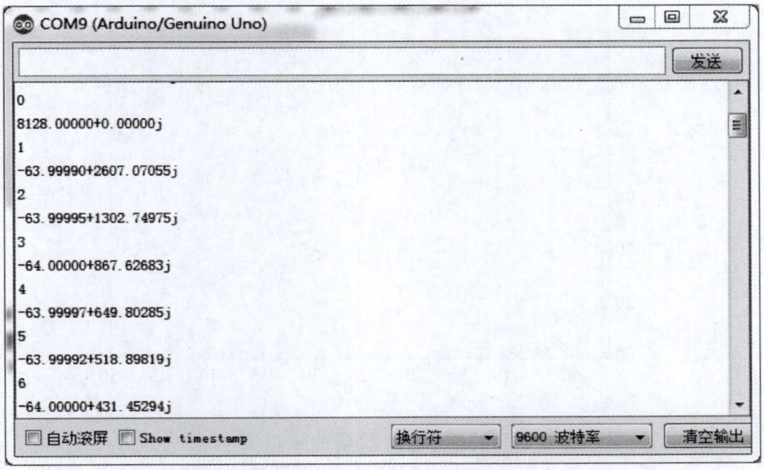

图 12.5　FFT 算法的验证结果

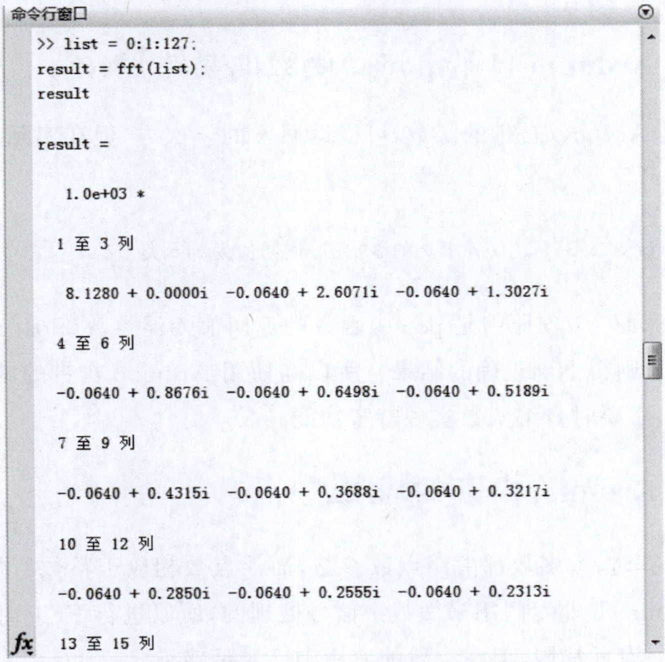

图 12.6　MATLAB 进行 FFT 的结果

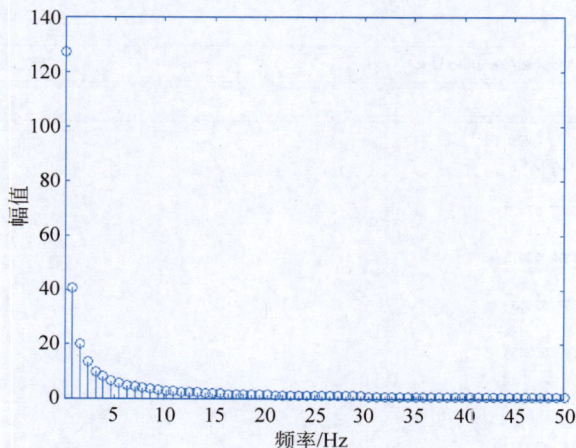

图 12.7 输入数据的频谱图

12.5 扩展讨论

12.5.1 Arduino 自带 pow()函数的易错点

pow(x,y)是 Arduino 自带的函数,可以返回 x 的 y 次方,但在实际使用中却很容易出错。例如:

```
int result = pow(2, 3);      // 求 2 的 3 次方,返回值为 int 类型
```

result 的值不为 8,而为 7。原因是 pow()函数的返回值为浮点数(float 或 double),如果设置返回值为 int,则得不到正确的结果。所以在使用 Arduino 自带的函数时,一定注意其返回值的类型,必要时自编函数实现特定功能。

12.5.2 Arduino 内存的局限性

FFT 进行计算时,大多数都由浮点数参与,而浮点数相较于整数所使用的内存空间更大。由于 Arduino 并非专门用来做数字信号处理的,所以进行 FFT 时,最多只能计算 128 点 FFT。虽然有此局限,但在一般的应用中已经足够了。

本章小结

本章介绍了如何用 Arduino 实现 FFT 算法,从而计算一组信号时域采样值的频谱。感兴趣的读者可以搜集资料,完成以下拓展练习。

拓展练习

(1) 尝试不同的采样率,观察对 FFT 结果的影响。

(2) 尝试使用 Arduino 的模数转换模块从传感器(如麦克风或温度传感器)实时采集数据,并进行 FFT 处理。

(3) 查找资料,尝试设计一个基于 FFT 的音频分类器,用于识别不同的声音或音乐类型。

第 13 章

简约型红外通信链路设计

13.1　问题和目标

如图 13.1 所示,红外线(Infrared)是波长介于微波与可见光之间,即波长为 760nm～1mm,比红光长的不可见光。红外线由英国科学家威廉・赫歇尔于 1800 年发现,又称为红外热辐射。红外线又可以根据不同的波长范围分为三部分,即近红外线、中红外线和远红外线。红外线的两大特性为热效应和较强的云雾穿透能力。基于这些特性,红外线在通信、探测、医疗、军事等方面有广泛的用途。

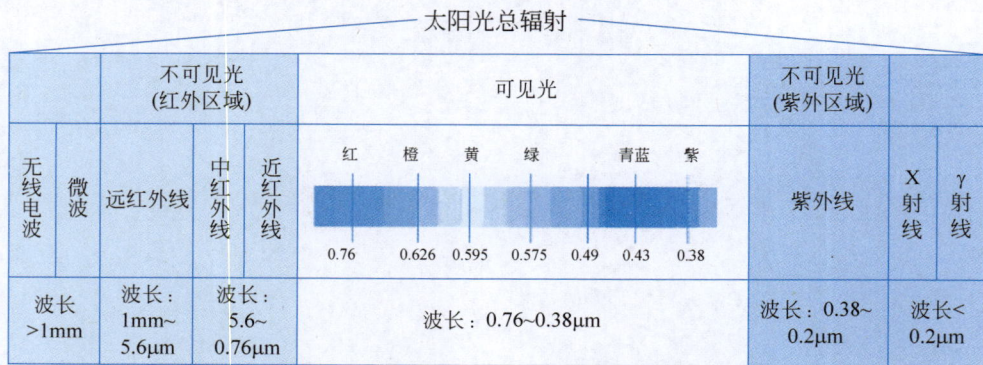

太阳光总辐射

		不可见光 (红外区域)			可见光						不可见光 (紫外区域)		
无线电波	微波	远红外线	中红外线	近红外线	红　橙　黄　绿　　青蓝　紫 0.76　0.626 0.595 0.575 0.49 0.43 0.38						紫外线	X射线	γ射线
波长 >1mm		波长: 1mm～ 5.6μm	波长: 5.6～ 0.76μm		波长:0.76～0.38μm						波长:0.38～ 0.2μm	波长< 0.2μm	

图 13.1　太阳光总辐射示意图

在本章的红外通信链路研究中,所应用的就是红外线的热效应。在自然界中,只要物体的温度高于 0K(−273.15℃),其表面就会辐射红外线,且根据温度的不同,辐射的强度也会不同。利用这一点,就可以将红外技术应用到实际开发中。

红外通信是利用 950nm 近红外波段的红外线作为传递信息的媒体,即通信信道。发送端将基带二进制信号调制为一系列的脉冲串信号,通过红外发射管发射红外信号。接收端将接收到的光脉冲信号转换为电信号,再经过放大、滤波等处理后送给解调电路进行解调,还原为二进制数字信号后输出。常用的有通过脉冲宽度实现信号调制的 PWM 和通过脉冲串之间的时间间隔实现信号调制的脉时调制(Pulse-Phase Modulation, PPM)两种方法。

本章将学习红外通信协议,运用简单的红外发射管和红外接收管,通过红外使 Arduino 具备远距离的遥控能力,实现基于红外通信的简单信号收发,这是非常实用且常用的扩展功能。

13.2　原理思路

红外发射管和红外接收管是红外通信链路中必不可少的部件,也广泛存在于日常生活中,如各种家用电器的遥控器。

常用的红外发射管如图 13.2 所示,类似发光二极管,但红外发射管所发射的是肉眼不可见的红外光,但它的性质同发光二极管,即其所发射的红外线的强度会随着电流的增大而增强。

典型的红外接收管如图 13.3 所示,属于光敏二极管,其内部是一个具有红外光敏特性的 PN 节,只对红外光敏感。当有红外光时,该接收管导通形成光电流,且在一定范围内电流随着红外光强度的增强而增大;无红外光时,该接收管不导通。

图 13.2　常用的红外发射管

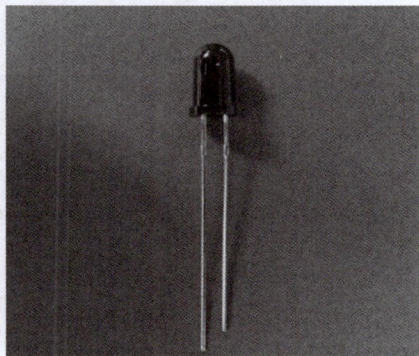

图 13.3　典型的红外接收管

基于上面所介绍的常用红外发射管和红外接收端搭建红外通信的硬件电路,就可以应用于小车、机器人避障以及红外循迹等。

13.2.1　发射机设计

红外通信链路中的发射机原理如图 13.4 所示。

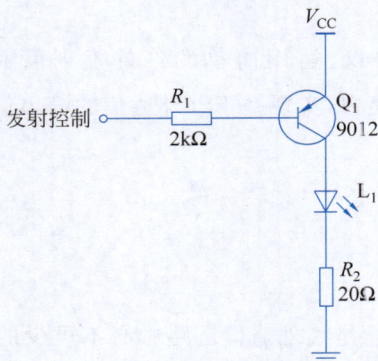

图 13.4　发射机原理

发射控制端接到了 Arduino 的 I/O 引脚上。当发射控制输出高电平时,三极管 Q_1 不导通,红外发射管 L_1 不会发射红外信号;当发射控制输出低电平时,通过三极管 Q_1 导通让 L_1 发出红外光。

13.2.2　接收机设计

红外通信链路中的接收机原理如图 13.5 所示。

接收检测端接到了 Arduino 的 I/O 引脚上。在图 13.5 中,R_4 是一个电位器,通过调整电位器给 LM393 比较器的引脚 2 提供一个阈值电压,这个电压值的大小可以根据实际情况来调试确定。而红外光敏二极管 L_2 接收到红外光时,会产生电流,并且随着红外光的从弱变强,电流会从小变大。当没有红外光或红外光很弱时,引脚 3 的电压就会接近 V_{CC},如果引脚 3 比引脚 2 的电压高,通过 LM393 比较器后,接收检测引脚输出一个高电平。随着光强变大,电流变大,引脚 3 的电压值等于 $V_{CC}-I\times R_3$,电压就会越来越小,当小到一定程度,比引脚 2 的电压还小时,接收检测引脚就会变为低电平。

总的来说,电位器 R_4 设置为一个合理的电阻值时,发射控制端输出高电平,红外发射器不发射红外光,红外接收器检测不到红外光,接收检测引脚也会输出一个高电平;发

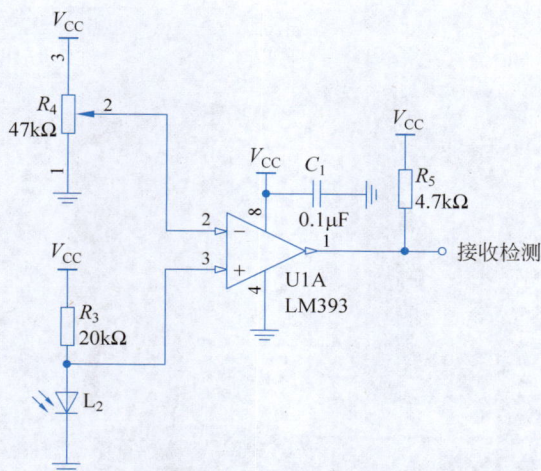

图 13.5 接收机原理

射控制端输出低电平时,红外发射器发射红外光,红外接收器检测到红外光,接收检测引脚输出一个低电平。

　　将本节的所搭建的发射机与接收机结合,就能构成一个简单的红外通信链路,若将该链路应用于避障,发射部分的发射管先发射红外信号,红外信号会随着传输距离的增大逐渐衰减,如果遇到障碍物,就会形成红外反射。当反射回来的信号比较弱时,接收部分的光敏二极管 L_2 接收的红外光较弱,比较器 LM393 的引脚 3 电压高于引脚 2 电压,接收检测引脚输出高电平,说明障碍物比较远;当反射回来的信号比较强时,接收检测引脚输出低电平,说明障碍物比较近了。

13.3　解决方案

　　本节首先结合 13.2 节原理,用面包板完成发射机与接收机的硬件搭建,如图 13.6 和图 13.7 所示。

　　所搭建的发射机包含 3 个模块:电源模块、信号控制模块和红外发射模块。其中,电源模块包括一个 9V 的电池和一个小的降压模块,为 Arduino 供电,再由 Arduino 为红外发射模块提供 3.3V 输入电压;信号控制模块为 Nano,内部编程使 D12 端口以 100b/s 向红外发射模块输入高低电平以发送数据,3V3 端口为红外发射模块提供输入电压;在红外发射模块中,根据信号控制模块输入的数据的电平高低变化,红外发射管所发射的红外线强度会不断变化。

图 13.6　发射机硬件搭建

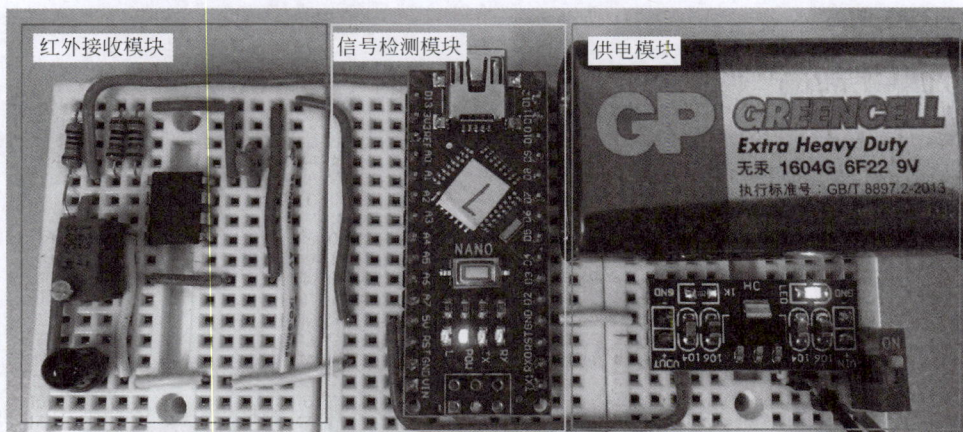

图 13.7　接收机硬件搭建

所搭建的发射机包含 3 个模块：电源模块、信号检测模块和红外接收模块。其中，电源模块包括了一个 9V 的电池和一个小的降压模块，为 Arduino 和红外接收模块提供 5V 的输入电压；在红外接收模块中，根据所接收检测到的红外线强度输出高低电平；信号检测模块为 Nano，内部编程使 D12 端口从红外接收模块中接收数据并进行解调。

信号发送部分程序设计如下。

程序 13.1　信号发射部分程序

```
# include < VirtualWire. h >
void setup()
{
    Serial. begin(9600);                    //串口通信速率
    Serial. println("setup");

    vw_set_tx_pin(12);                      //将 D12 引脚设置为 TX
    vw_set_ptt_inverted(true);              //DR3100 需要
    vw_setup(100);                          //100b/s
}
void loop()
{
    const char * msg = "E";                 //要发送的消息
    digitalWrite(13, true);                 //打开 LED
    vw_send((uint8_t *)msg, strlen(msg));   //发送消息
    vw_wait_tx();                           //等待整个消息消失
    digitalWrite(13, false);                //关闭 LED
    delay(50);                              //延时
}
```

信号接收部分程序设计如下。

程序 13.2　信号接收部分程序

```
# include < VirtualWire. h >
# include < MsTimer2. h >
int count = 0;
int period = 10000;                         //1000ms

void setup()
{
    Serial. begin(9600);                    //串口通信速率
    Serial. println("setup");
    vw_set_rx_pin(12);
    vw_set_ptt_inverted(true);
```

```
    vw_setup(100);
    vw_rx_start();

    MsTimer2::set(period/2,flash);
    MsTimer2::start();
    period = 0;                              //复位到0
}
void loop()
{
    uint8_t buf[VW_MAX_MESSAGE_LEN];          //一个缓冲区用来存放传入的消息
    uint8_t buflen = VW_MAX_MESSAGE_LEN;      //文本的大小
    if (vw_get_message(buf, &buflen))         //非阻塞,消息没有损坏
    {
        int i;
        digitalWrite(13, true);               //闪烁灯光以显示收到未损坏的消息
        Serial.print("Got: ");
        for (i = 0; i < buflen; i++)
        {
            char c = (buf[i]);
            Serial.print(c);
            Serial.print(" ");
        }
        count++;
        Serial.println("");
        digitalWrite(13, false);
    }
}
void flash()
{
    count = 0;
}
```

13.4　测试验证

使用所搭建的发射机与接收机实现红外通信,如图 13.8 所示。

打开发射机与接收机的开关,就开始通过红外通信传输数据。所检测到的发射机中信号控制模块的输出信号和接收机中信号检测模块的输入信号如图 13.9 所示。可以看到,虽然存在一定的误码率,但所要发送的数据信号能被较完整地接收到。

图 13.8 实际红外通信示意图

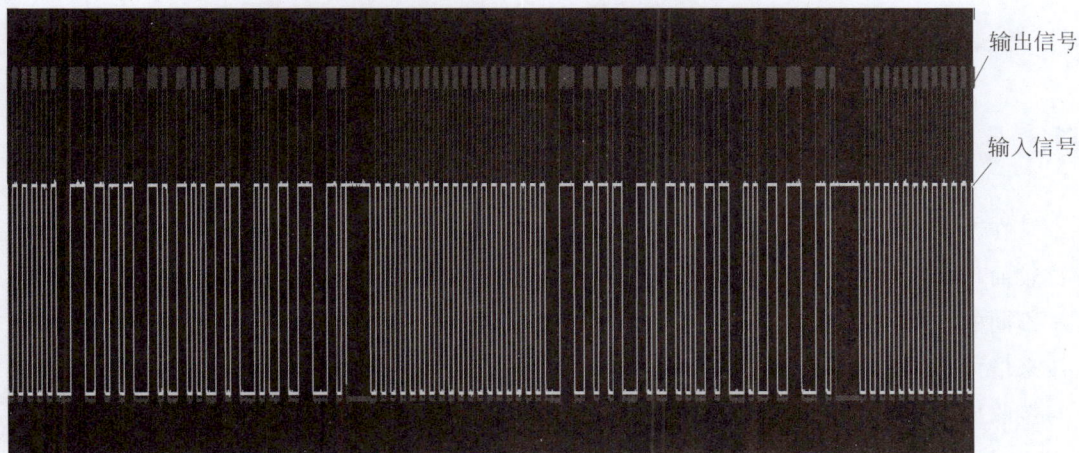

图 13.9 信号收发示意图

将接收机中的 Nano 与 PC 相连,可以看到串口返回的结果如图 13.10 所示。解码得到的数据与所发送的数据相吻合,说明通信是成功的。

图 13.10　接收端解码示意图

13.5　扩展讨论

在本章的实战中,由于是简约型的红外通信链路设计,所搭建的发射机和接收机都比较简单,接收机的灵敏度较低,所能实现的通信距离也比较短。在实际调试中,也尝试了不同的方法试图增大通信距离。可以发现:通过增大红外发射管和红外接收管上的电压来增大电流,并不能增大能正确传输信号的通信距离;但通过隔离环境光线,使发射机与接收机之间的传输环境尽可能封闭,能在一定程度上增大通信距离。

本章小结

本章通过一个实战案例,介绍了如何用红外发射管与红外接收管设计简约型红外通信链路,实现 Arduino 远距离的遥控功能。感兴趣的读者可以搜集资料,完成以下拓展练习,设计出功能更加完善的红外通信链路系统。

拓展练习

（1）查找资料，思考如何获取家中电视机等设备遥控器发射的红外信号，尝试用自己搭建的红外通信系统实现对电视机等设备的控制。

（2）思考改进设计方法，提高简约型红外通信链路的通信距离与准确率。

（3）观察上述简约型红外通信链路设计方案的不足之处，提出改进设计方法，并通过实际测试验证改进方法的有效性。

第 14 章

Arduino 与 MATLAB

协同的超声雷达设计

14.1 问题和目标

在进行无人机、平衡车等电子设计时，为了达到自动避障的目的，往往需要监测周围障碍物的距离。在实际工程设计中，超声雷达可以方便地实现上述功能，并且具有小型化、低成本、性能优良的优势。

本章将提供一个系统设计实战，要解决的问题是设计能够扫描检测周边障碍物距离的超声雷达系统。

目标是帮助读者掌握用 Arduino 和 MATLAB 协同的思路设计一种实用电子系统的方法。

14.2 系统整体设计方案

超声雷达系统硬件设计原理如图 14.1 所示。具体而言，将一个超声雷达模块安装在舵机云台模块上，并且和声音检测模块、Arduino 集成在一起。Arduino 通过 USB 电缆与 PC 端的 MATLAB 协同工作。

超声雷达系统软件设计流程图如图 14.2 所示。Arduino 负责各模块的初始化设置、检测环境声音音量、控制舵机旋转云台、检测周围障碍物距离，以及和 MATLAB 协同运作。如果音量低于阈值，则 Arduino 不作任何反应。如果音量超过阈值，则 Arduino 启动云台舵机，自动旋转云台，使超声雷达依次指向不同的预设角度，测量障碍物距离，并将获得的数据传输到 PC 端的 MATLAB，由 MATLAB 完成数据处理和显示功能。

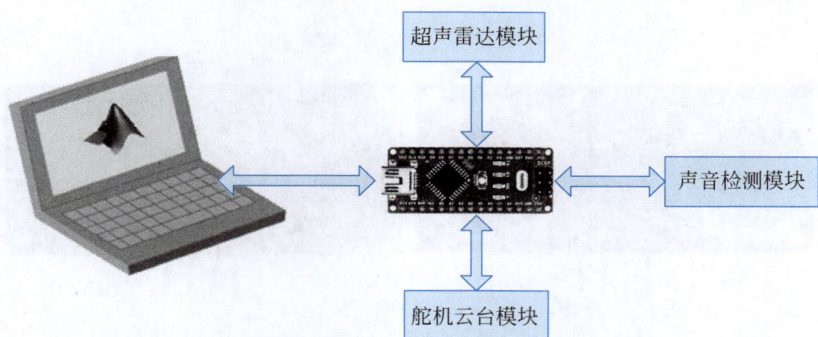

图 14.1 超声雷达系统硬件设计原理

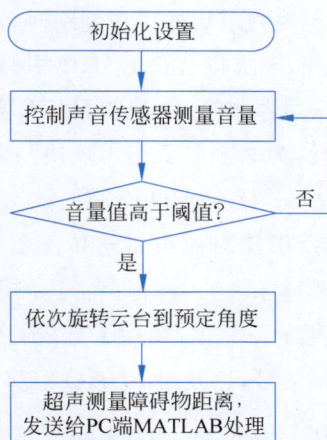

图 14.2 超声雷达系统软件设计流程图

14.3 系统硬件设计实现

系统硬件设计使用的模块主要包括：①Arduino Nano 核心板；②舵机云台；③超声雷达传感器；④声音传感器。以下将详细介绍各模块的工作原理和整体硬件集成方法。

14.3.1 超声雷达传感器

图 14.3 所示为系统使用的超声雷达传感器。该模块提供了 4 个引脚,分别表示为 VCC、TRIG、ECHO、GND。其中,VCC 和 GND 引脚用于对模块提供直流供电,并且建

议 VCC 接 5V。

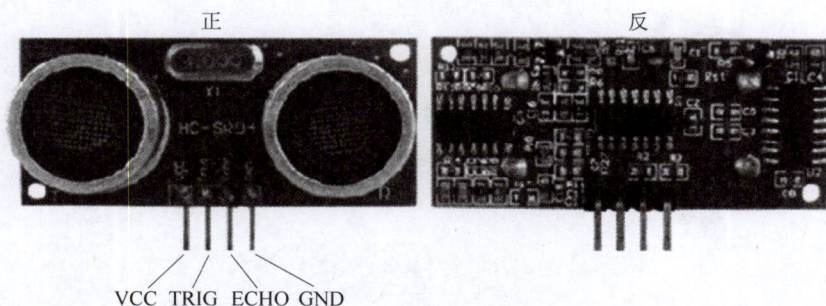

图 14.3　超声雷达传感器

TRIG 和 ECHO 引脚用于实现测距功能。在测距时,需要对 TRIG 引脚输入持续时间在 $10\mu s$ 以上的 5V 高电平脉冲,模块将会在 ECHO 引脚返回一个脉冲信号,该脉冲的高电平持续时间就等于声波从发射器出发,由阻挡目标反射回接收器的总持续时间。假设该时间表示为 $T\mu s$,由于声速约为 $340\mathrm{m/s}$,超声模块与阻挡目标之间的距离 D 约为

$$D = 0.000\,17T$$

系统使用板载的 5V 和 GND 引脚对超声雷达传感器供电,并且将 TRIG 和 ECHO 引脚分别连接到 Nano 数字引脚 18 和 19。将超声雷达测距的 Arduino 软件控制部分封装成子函数 float radar(),如下所示。其中,调用了 digitalWrite() 和 pulseIn() 函数分别实现对 TRIG 引脚产生启动控制信号,以及对 ECHO 引脚读取测量反馈信号。

```
float radar() {
  float echoWidth, thisRange;
  digitalWrite(TRIG, HIGH);         //产生约 10μs 高电平的脉冲
  delayMicroseconds(10);
  digitalWrite(TRIG, LOW);

  echoWidth = pulseIn(ECHO, HIGH);  //测量 ECHO 引脚的高电平脉冲时长
  thisRange = 0.000175 * echoWidth; //换算为测距值(单位为米)
  return thisRange;
}
```

14.3.2　舵机云台模块

舵机云台模块用于支撑超声雷达传感器,并且使超声雷达能够旋转到指定的角度。舵机又称为伺服电机,最早用于在船舶上实现转向功能。由于可通过程序连续控制转

角,因而被广泛应用在智能小车、机器人各类关节等的运动控制中。

图 14.4 所示为系统使用的舵机云台模块。可见,共有 3 根接口线,其中,电源线和地线用来提供直流电源,建议使用 5V 供电。另一根线用来控制舵机转动。

舵机按照以下原理进行运作。舵机内部的控制电路板接收来自信号线的控制信号,从而控制内部电机转动。电机带动一系列齿轮组,减速后传动至输出舵盘。舵机的输出轴和位置反馈电位计是相连的,舵盘转动的同时,带动位置反馈电位计,电位计将输出一个电压信号到控制电路板,进行反馈,然后控制电路板根据所在位置决定电机转动的方向和速度,直到达到目标位置后停止。其工作流程为:控制信号→控制电路板→电机转动→齿轮组减速→舵盘转动→位置反馈电位计→控制电路板反馈。

舵机的控制信号是周期约为 20ms 的 PWM 信号,其中脉冲宽度为 0.5～2.5ms,相对应的舵盘位置为 0～180°,并且脉宽和舵盘位置呈线性变化。也就是说,给舵机提供一定脉宽的 PWM 信号,它的输出轴就会保持在对应的角度上。直到给它提供一个其他脉宽的 PWM 信号,它才会改变输出角度到新的对应位置,如图 14.5 所示。由此可见,舵机是一种位置伺服驱动器,转动范围不能超过 180°,适用于那些需要不断变化并可以保持的驱动器中,如机器人的关节、飞机的舵面等。

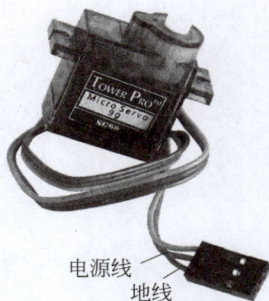

图 14.4 舵机云台模块

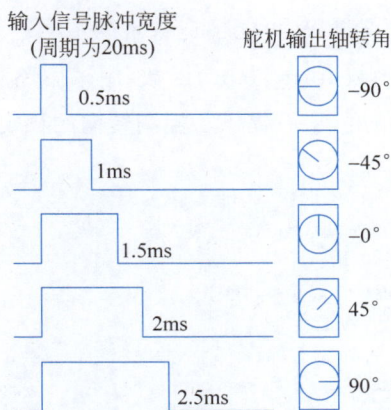

图 14.5 舵机输出转角与输入脉冲的关系

用 Arduino 控制舵机的方法有两种。一种是通过 Arduino 能够产生 PWM 信号的引脚控制舵机旋转。另一种是直接利用 Arduino 自带的 Servo 函数库进行舵机的控制,这种控制方法的优点在于编写方面,代码结构清晰,缺点是只能控制两路舵机。Servo 库提供了相应的函数进行舵机的控制,利用这些函数就可以控制舵机旋转到任意角度,如

表 14.1 所示。注意,Arduino 的直流电源驱动能力有限,所以当需要控制两个及以上的舵机时,需要外接直流电源。

表 14.1　Servo 库提供的函数

函 数 名 称	函 数 功 能
attach()	连接舵机控制线到 Arduino 引脚号
write()	设定舵机旋转到达的角度
read()	读取上次使用 write()函数设置的角度
attached()	判断舵机参数是否已经发送到舵机接口
detach()	使舵机控制线和 Arduino 引脚分离

系统使用 Arduino 板载的 5V 和 GND 引脚为舵机供电,并将控制线连接到 Arduino 的引脚 13。系统使用自带的 Servo 函数库进行舵机的软件控制。首先在程序顶端,要进行 Servo 库的声明,即

```
# include < Servo.h>      //声明调用 Servo.h 库
```

Servo 库中的 write()函数虽然可以方便地将舵机直接转到指定位置,但对于有的舵机,转向速度过快,可能会造成转动不稳定。为解决上述不足,为 Arduino 设计了控制舵机转向的函数 turn_step()函数,用来循环调用 write()函数使舵机降低转速,逐步调整转向到指定角度,从而提供了控制转向的稳定性。turn_step()函数代码如下。

```
void turn_step(int num) {
  if (num < 0) {
    return;
  } else if (num > 360) {
    return;
  }
  int oldNum = myservo.read();
  if (num < oldNum) {
    for (int pos = oldNum; pos >= num; pos -= 1) {
      // 以 1°为步长
      myservo.write(pos);            // 告诉伺服系统转到变量 pos 中的位置
      delay(15);                     // 等待 15ms 伺服到达位置
    }
  }
  for (int pos = oldNum; pos <= num; pos += 1) {
    myservo.write(pos);
```

```
    delay(15);
  }
}
```

14.3.3　声音传感器

声音传感器用于检测环境声音的音量。图 14.6 所示为系统使用的声音传感器。该传感器有 3 个引脚,其中 VCC 和 GND 引脚用来提供直流电源,可以使用 5V 供电。OUT 引脚用来输出模拟电压,输出电压值越低,代表音量越大。

系统使用 Arduino 板载的 5V 和 GND 引脚为声音传感器供电,并将 OUT 接口与 Arduino 的 A3 引脚相

图 14.6　声音传感器

连。把 Arduino 读取声音传感器的模拟输出电压的软件封装成为子函数 sense_sound(),代码如下。

```
int sense_sound()
{
    return analogRead(A3);          //读取 A3 引脚电压值
}
```

14.3.4　集成硬件样机

在本系统中,所有传感器模块都使用 Arduino 的板载 5V 和 GND 引脚提供直流电源。Arduino 通过 USB 电缆连接到 PC,因而由 PC 的 USB 接口供电。除直流电源外,Arduino 与其他传感器的连接方法如表 14.2 所示。

表 14.2　传感器与 Arduino 的连接

传感器名称	传感器引脚	Arduino 引脚
超声雷达传感器	TRIG	数字引脚 18
	ECHO	数字引脚 19
云台舵机	控制引脚	D13
声音传感器	OUT	A3

集成了 Arduino 和所有传感器的硬件系统样机如图 14.7 所示。

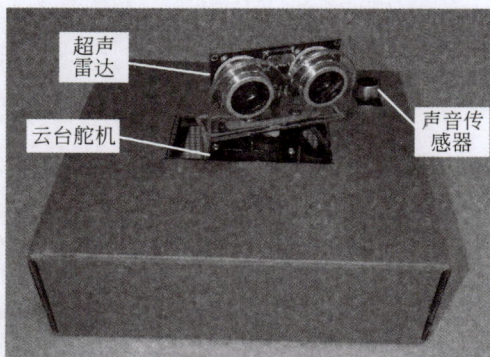

图 14.7　整体硬件设计

14.4　系统软件设计实现

系统的软件设计可分为 Arduino 软件设计和 PC 端 MATLAB 软件设计，Arduino 与 MATLAB 通过串口进行协同设计。

14.4.1　Arduino 软件设计

Arduino 端软件按照图 14.2 展示的流程图进行设计。具体代码如下。

程序 14.1　Arduino 程序代码

```
# include < Servo. h >             //声明调用 Servo 库
# define    TRIG    18            //触发信号引脚
# define    ECHO    19            //响应信号引脚
Servo myservo;                     //创建一个舵机对象
void setup() {
  pinMode(TRIG, OUTPUT);           //设置 TRIG 引脚为输出模式
  pinMode(ECHO, INPUT_PULLUP);     //设置 ECHO 引脚为输入上拉模式

  myservo.attach(13);             //将引脚 13 上的舵机与声明的舵机对象连接起来
  Serial.begin(9600);             //初始化串口,波特率为 9600
}

void loop() {
  int val = sense_sound();
  if (val < 200 ) {                //大于阈值,启动舵机扫描,超声测量各角度障碍物距离
```

```
        Servo_Radar();
    }
}
```

其中,把 Arduino 控制舵机转向和超声测距的软件封装成一个函数 Servo_Radar(),其功能是使舵机依次转向到 0～180°的某个角度,并且在每个角度上控制超声测量障碍物的距离,并且把数据传递给 MATLAB。Servo_Radar()函数的代码如下。

```
void Servo_Radar() {
    float thisRange;
    for ( int i = 0; i <= 180; i = i + 30){
        turn_step(i);                 //让舵机转到 i 的角度
        delay(500);                   //延时
        thisRange = radar();          //超声测距
        Serial.print(i);              //输出当前角度
        Serial.println(thisRange);    //输出当前测量值
    }
}
```

14.4.2　MATLAB 软件设计

MATLAB 端软件主要负责读取 Arduino 发送来的角度和距离信息,并实现数据可视化的功能。MATLAB 软件代码如下。

程序 14.2　MATLAB 程序代码

```
% ================== 初始化 ==================================
delete(instrfindall);                    % 清除未关闭的串口
clear all; close all;


% ================== 显示初始化 ==========================
all_ang = zeros(1,7)
all_dis = zeros(1,7);
figure;
axe1 = gca;
axe1.XLim = [0 180];
axe1.YLim = [0 1];
plotHandle = stem(all_ang, all_dis, 'LineWidth',2);
title('实时测量显示'); xlabel('扫描角度'); ylabel('扫描距离'); grid on;


% ==================== 协同显示 =========================
```

```
SCOM = serial('COM7');                    %产生串口对象
SCOM.BaudRate = 9600;                     %设置波特率
fopen(SCOM); pause(2);                    %打开串口并延时等待就绪
while(1)
    if(SCOM.BytesAvailable)
        out = fscanf(SCOM);               %读取 Arduino 发来的字符编码数据
        data = str2num(out)               %转换成数值
        all_ang = [all_ang(2:end) data(1)]   %读取角度信息

        all_dis = [all_dis(2:end) data(2)]   %读取距离信息

        set(plotHandle,'XData',all_ang,'YData',all_dis);   %实时刷新显示
        drawnow;
    end
end
fclose(SCOM);                             %关闭和清除串口对象
delete(SCOM);
```

运行上述代码,可以发现 MATLAB 能够实时刷新显示在各个角度的超声测距值,如图 14.8 所示。可见,已成功实现了基于 Arduino 和 MATLAB 协同的超声雷达系统。

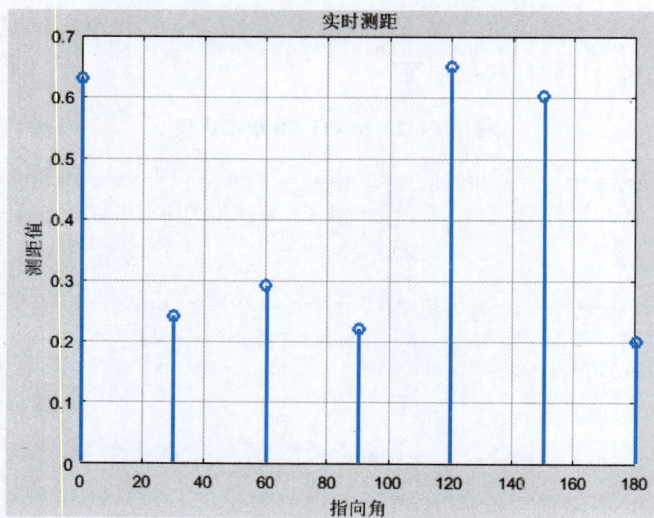

图 14.8　MATLAB 实时显示

本章小结

　　本章通过一个实战案例,介绍了MATLAB与Arduino协同设计的思想,设计了一款能扫描周边障碍物距离的超声雷达系统。感兴趣的读者可以搜集资料,完成以下拓展练习,设计出功能更强大的雷达系统。

拓展练习

　　(1)查找资料,思考怎样在MATLAB中编程,用极坐标图实时显示超声测量结果。

　　(2)思考怎样改进设计,使Arduino能够把音量和距离测量值都发送给MATLAB协同显示。

　　(3)总结上述雷达系统设计方案的不足之处,提出改进设计方法,并通过实际测试验证改进方法的有效性。

参 考 文 献

[1] 程晨. Arduino 开发实战指南[M]. 北京：机械工业出版社,2012.

[2] MCROBERTS M. Arduino 从基础到实践[M]. 杨继志,郭敬,译. 北京：电子工业出版社,2013.

[3] MARGOLIS M. Arduino 权威指南[M]. 杨昆云,译. 2 版. 北京：人民邮电出版社,2015.

[4] 孙骏荣,苏海永. 用 Arduino 全面打造物联网[M]. 北京：清华大学出版社,2016.

[5] OLSSON T. Arduino 可穿戴设备开发[M]. 胡训强,译. 北京：机械工业出版社,2016.

[6] JORGE R C. Arduino 家居安全系统构建实战[M]. 李华峰,译. 北京：人民邮电出版社,2016.